地理

动物百科全书

ANIMAL ENCYCLOPEDIA

哺乳动物

卵生动物·有袋动物

西班牙 Sol90 出版公司◎著

任艳丽◎译

山西出版传媒集团 山西人民出版社

目录

CATALOGUE

ANIMAL ENCYCLOPEDIA

国家地理视角

多样的哺乳动物

海边依偎

这是不同哺乳动物身上所表现出的众多发育成长方式中的一种。断奶后，幼崽会依偎在一起，直到它们可以出海。

大迁徙

为了获取食物和水，许多物种会进行季节性迁徙。每年成千上万的角马沿着它们祖先走过的相同路线进行迁徙。它们穿越非洲平原，越过马拉河，在越河时它们要随时准备应对鳄鱼的袭击。

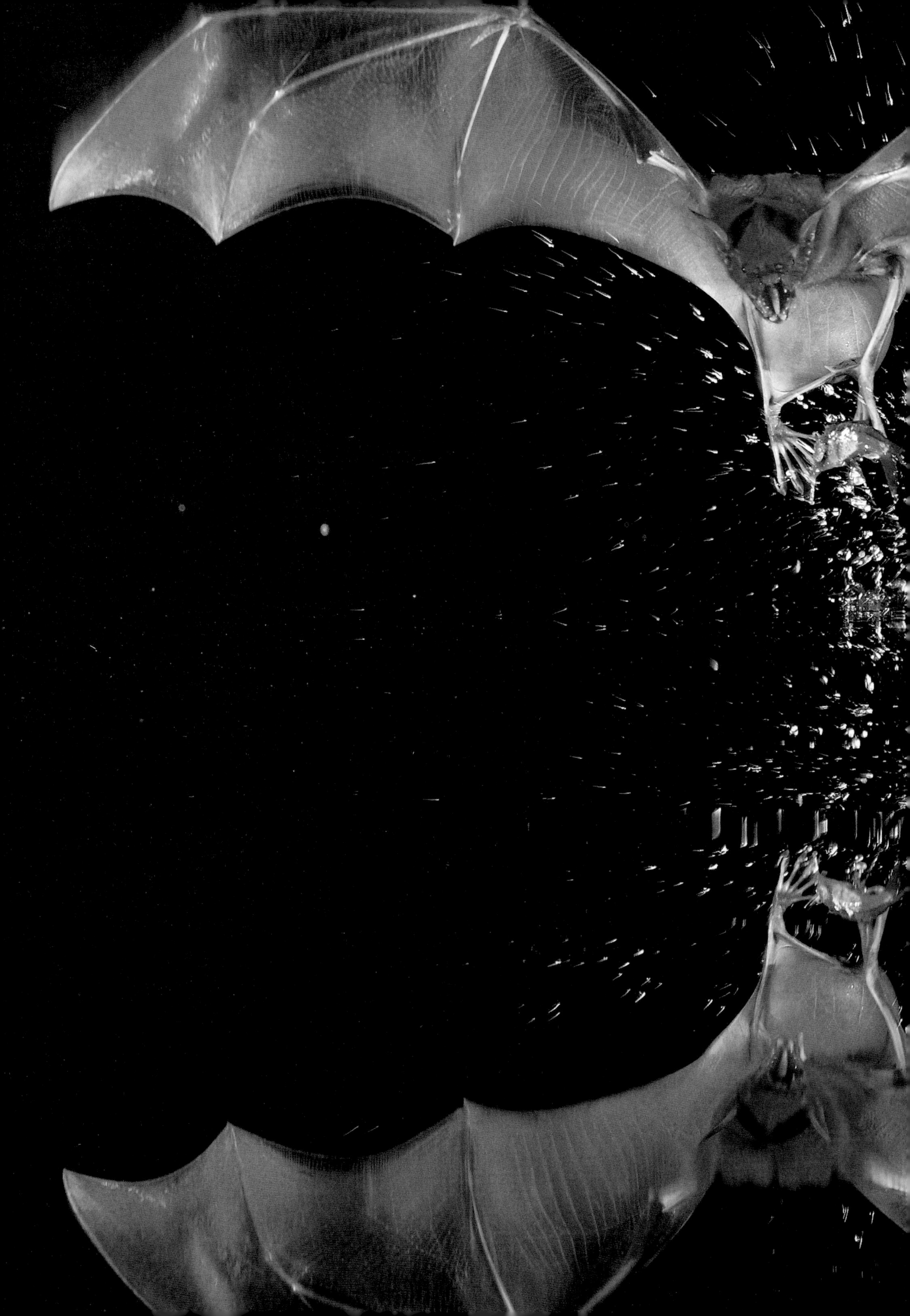

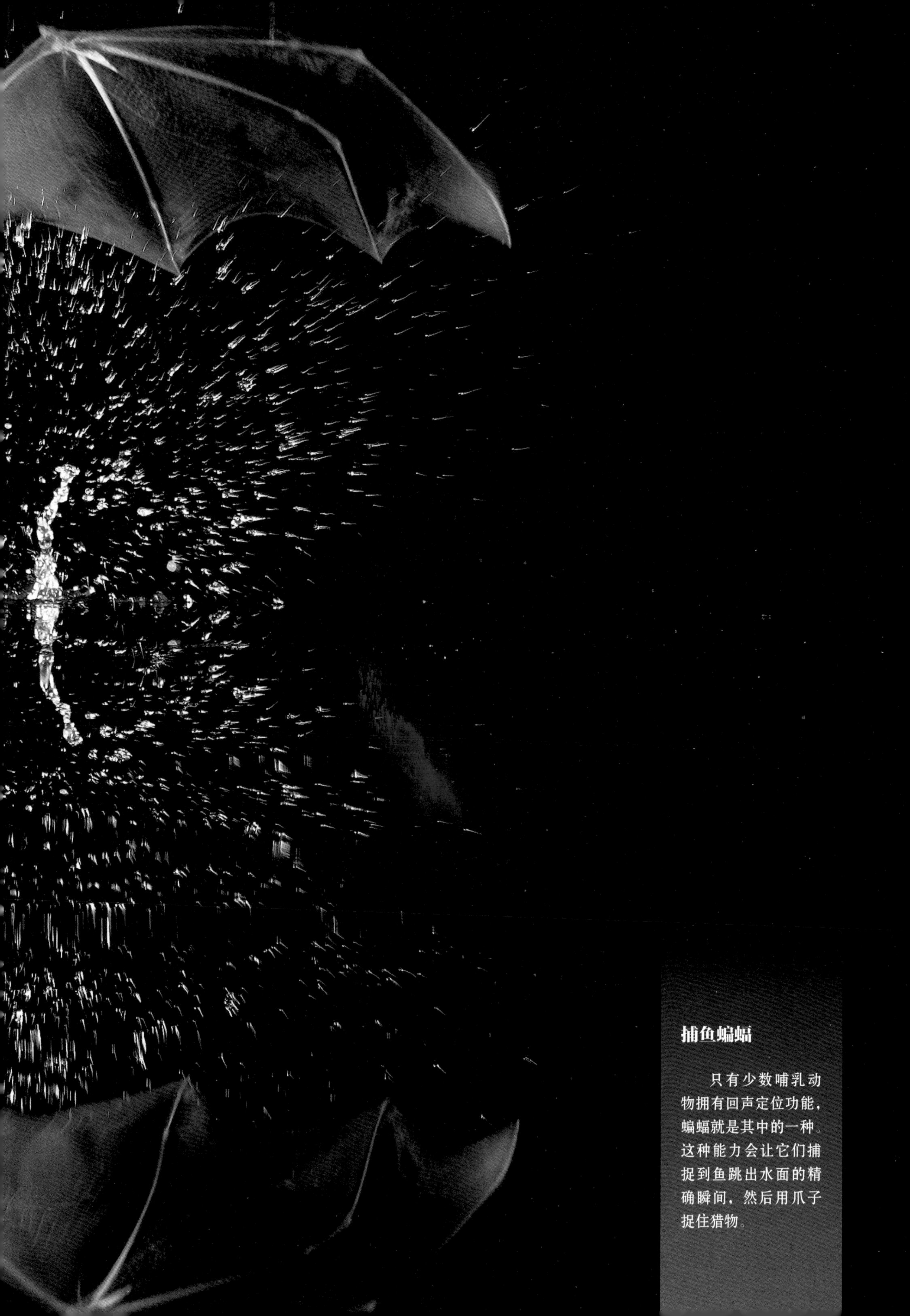

捕鱼蝙蝠

只有少数哺乳动物拥有回声定位功能，蝙蝠就是其中的一种。这种能力会让它们捕捉到鱼跳出水面的精确瞬间，然后用爪子捉住猎物。

温柔和致命

连最凶猛的掠食者也有照顾和保护新生儿的习性。雌虎可以轻易咬碎猎物的骨头，也可以轻柔地把它的孩子叼到安全的地方。

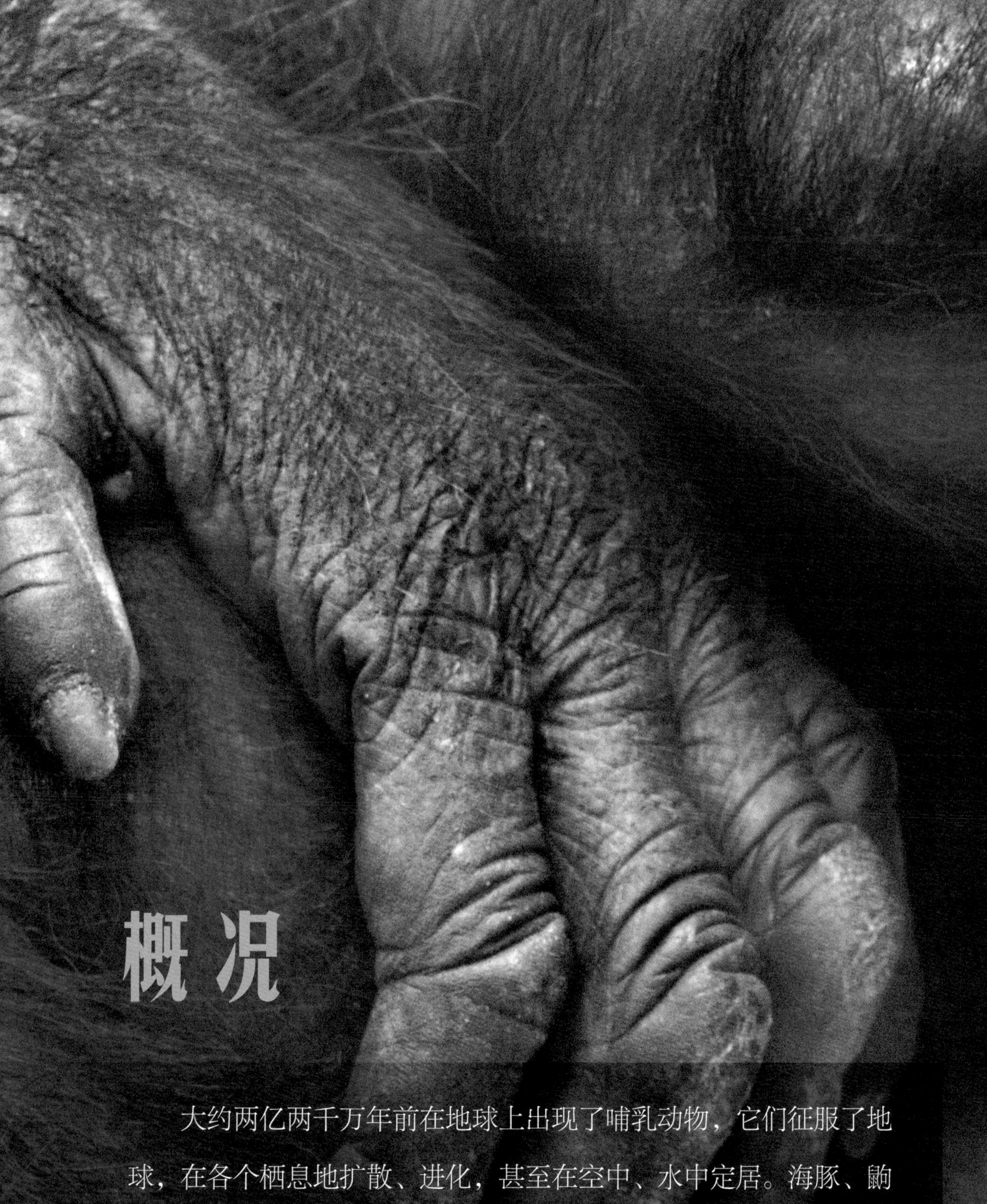

概况

大约两亿两千万年前在地球上出现了哺乳动物，它们征服了地球，在各个栖息地扩散、进化，甚至在空中、水中定居。海豚、鼩鼱、猴子、猪、人类只是这个种群的几个代表，这是一个真正的有待发现的世界。

什么是哺乳动物

把它们定义为哺乳动物是因为这类动物有相同的特征，比如全身被毛、有体温调节机制、大部分胎生、哺乳。然而，在有描述的超过5400个种类中，哺乳动物之间的差异性也是令人惊叹的，这其中既包含仅重3克的鼩鼱，也包括重达160吨的蓝鲸。

门：脊索动物门
纲：哺乳纲
目：29
科：140
种：5400

共同特征

哺乳纲里聚集了各种各样的动物。尽管体形各异，但它们之间有一些共同特征。其中一个特征是靠雌性体内乳腺分泌的乳汁来哺养幼崽，哺乳纲也因此而得名。瑞典自然科学家卡尔·林奈把哺乳动物和其他脊椎动物区分开，把它称为哺乳纲（*Mammalia*），这来自拉丁语，意思是“有乳房的生物”。

哺乳纲的大多数动物身上都有毛，毛发几乎覆盖了全身。除了其他功能之外，毛发还帮助动物们调节体温。不管外界的气温如何变化，恒温，这一调节代谢的能力不仅使它们体温保持不变，而且使得它们在极端温度下也能保持活跃，这也是用来区分哺乳动物的特征之一。除哺乳动物外，这一特征仅见于鸟类。

哺乳纲中的大多数物种是胎生的：产下活的幼崽，生命初期，幼崽在母亲体内生长发育。

哺乳纲动物的头骨也有不同的特征：和它们的祖先相比，骨头减少，哺乳动物是由合弓纲爬行动物演化而来的。合弓纲动物的颌骨由多块骨头构成，其中关节骨通过方骨连接到头骨。相反的是，现代哺乳动物的下颌只有一块骨头，即齿骨，连接到头骨。方骨和关节软骨，被称作砧骨和锤骨，和镫骨一起构成中耳。

习得本领
幼崽在嬉戏中得到训练，习得本领。这是哺乳纲动物特有的能力。

栖息地和分布

由于哺乳动物对不同的环境有超强的适应能力，它们分布于整个地球，成为仅次于鸟类的分布最广的脊椎动物群。几乎各个环境圈里都有它们的身影，但是大部分物种还是分布在植被茂盛的多雨地区，即南北回归线之间的热带地区。尽管牧场和草原的生存环境不是很理想，但是多样的进化适应使得哺乳动物也能够在这些地方栖息繁衍。大型食草哺乳动物的食物资源是牧草。其他小型和中型的动物，可以挖洞隐藏自己。在气候极其恶劣的冰原和极地地区，北极兔、驯鹿、北极熊、海马、海豹等物种也能生存。相反，还有一些适应了沙漠地区高温干旱环境的物种，比如骆驼、沙鼠及一些种类的羚羊。还有一些哺乳动物甚至生活在水中，这得益于它们的身体方面所具有的一些特征，比如鲸和海豚，尽管需要呼吸水面的空气，但也可以在水中潜伏很长时间。

适应能力

哺乳动物的特征（外形特征、运动能力、饮食习惯和生活习性）根据它们栖息地的环境而调整变化。适应能力不仅体现在身体构造的变化上，也体现在行为习惯的调整上。

在不同物种之间，四肢的形状有很大的区别。尽管有不同的功能，但四肢主要还是用于运动。善跑动物的前肢和后肢又细又长，大小几乎相同。相反的是，大型善跳跃动物的后肢要比前肢大。

会挖洞的动物的四肢较短，爪子有力，前肢肌肉非常发达。会游泳的动物的前肢则演变成扁平的鳍状肢或者趾间有膜的前肢。水栖动物中进化的极端个例是鲸目动物和海牛目动物，它们的后肢完全消失了。而会飞的哺乳动物的前肢长长的，有宽大的蹼状指头；会滑翔的动物则有了皮膜，皮膜连着前肢和后肢。

生活习性和社会结构

先天性行为是哺乳动物本能反应和适应性的结果。且不说刚出生就有的行为和技能，它们的学习能力也强于其他很多物种。特别是在社会结构发达的种群中，在幼崽习得新技能的过程中，模仿、尝试与出错、嬉戏等是非常重要的。

关于性行为，不同物种之间的方式存在很大的不同。有时，一只雄性和很多只雌性进行交配；有时，在很长一段时间内，甚至长达一生的时间内，雄性只会和同一只雌性进行交配。

哺乳动物强大的适应能力使其产生了各种各样的行为和社会组织方式。它们可以独居，可以成对或小群体生活，也可以群居或者集居。动物群可以在很长时间内保持稳定不变。有时群体的构成也很随意。不管怎样，在生命初期，雌性动物哺养幼崽，维系着母子之间的关系，直至新生儿长大成熟。

不同的社会结构意味着不同的环境利用方式。大部分物种在一个能够维持生命的空间内繁衍生息。有一定面积的领地，里面有食物、水，而且还是它们自己及幼崽的庇护所。一些动物有两处不同的领地：一处是其巡视或活动的领地，它们在这个领地内寻找食物；另一处面积较小，有固定的界限，在同类面前，它们会捍卫自己的领地。不同的物种之间，巡视地范围的大小根据其可获得的食物的多少而变化。比如北极熊的领地面积可达12.5平方千米，因为它们的猎物分布得零零散散。

解剖学上的差异

幸亏有长长的脖子，长颈鹿可以从高高的树上取食，不和其他食草动物争夺食物。其他哺乳动物，比如在羚羊身上也能看到这种饮食上的适应进化。

哺乳

哺乳动物的两性都有乳腺，但雄性动物的乳腺在初情期之前就停止了发育。哺乳动物中的所有雌性在产下幼崽后，开始分泌乳汁，用乳汁哺养幼崽。这一特征使得刚出生的幼崽不用寻找食物，和其他纲的动物相比，这一特征增加了幼崽的成活率。母乳富含蛋白质、脂肪以及抗体。

乳头

除了单孔目动物，哺乳动物的幼崽通过雌性动物的乳头吮吸乳汁。灵长类动物往往在幼崽长出第一恒磨牙时给它们断奶。

恒温

哺乳动物是恒温动物：能在外界温度变化的情况下，保持和调节自身温度。为了实现体温恒定，它们能够产生并保存热量，也可以排出过高的热量。在两种极端的环境下保持热量平衡是一个持续的挑战，在这种情况下它们会进行多种活动，比如休息或奔跑。

北极熊的体温调节

和所有哺乳动物一样，北极熊能保持内在体温的恒定。这得益于其具有的复杂的系统增强了它们的隔热能力，加强了对太阳光的吸收，使得它们适应了北极地区极其寒冷的气候。

北极熊
Ursus maritimus

呼吸道
鼻子里有薄膜，在空气进入肺部前，使空气变得温暖湿润。

平衡
位于下丘脑（在大脑中）的体温调节中枢，可以使动物身体保持恒定温度。

发抖
和人一样，当体温下降的时候，很多动物也会发抖。发抖时，肌肉收缩。发抖能产生热量。

零下60摄氏度
这是北极熊在冬天可以忍受的最低温度。

体形
硕大的体形和相对较短的四肢使得散失的热量较少。相反，越小的动物体温下降越快。

主要储存脂肪的地方
位于大腿、臀部和腹部。

清凉的耳朵
生活在沙漠地区恶劣气候中的耳郭狐，它大大的耳朵能散热，从而降低体温。

气候变化
越来越短的冬天使黄腹土拨鼠较早地从冬眠中醒来。

防护层

北极熊总共有3个防护层：前两层是皮毛，第三层是脂肪。其作用就像保温绝缘体一样。

1 粗大的外毛
又粗又长且粗糙，能隔热、防止外部的东西（昆虫和泥土）进入，还能防水。

2 细密的内毛
柔软稠密，有隔热功能。

3 脂肪
在夏天，北极熊经常进食以积攒11~15厘米厚的脂肪层，脂肪层能帮助它们度过冬天。

皮毛内部

每一根毛中间都是空的，里面充满空气。这使得内毛具有隔热作用。

15厘米
每根中空隔热的毛发的长度。

温度

下面的红外线热量图依据不同的颜色来表示体温：红色（热）体温最高；蓝色/绿色（冷）体温最低。

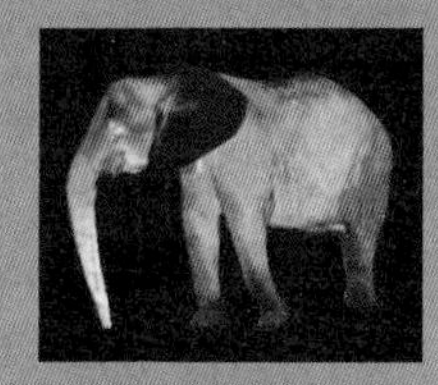

由内到外
不管外部多么寒冷，恒温动物都能保持体温稳定。它们自身可以产生热量。

由外到内
两栖动物和爬行动物，比如鬣蜥，是外温动物：从外部获取热量。它们通常通过“晒太阳”来调节体温。

降温
恒温动物，比如海豹通过出汗、潜在水中或者待在凉爽、阴凉的地方来避免体内温度过高。

冬眠

这是很多物种都会具有的功能，以此来应对冬天的严寒以及食物的短缺，进入深深的、漫长的、可控制的昏睡中。在冬眠时，动物新陈代谢下降，体温下降。比如榛睡鼠一年可以冬眠4个月，在这段时期它们消耗秋天时候在皮下脂肪层储备的能量。

头
把头藏在长长的尾巴下面。

腿
腿一直是弯着的。

尾巴
用尾巴遮住部分身体。

1摄氏度
榛睡鼠冬眠时的体温。

饮食

为了保持温度恒定，体温调节需要消耗大量的能量。因此，饮食至关重要。所有哺乳动物都需要摄入足够的营养来保证它们的新陈代谢。

对此，每一种动物都有自己的方式。一些动物对饮食要求极高，另一些动物则是机会主义者，可以在多种环境下生存。

科学家们认为，地球上首先出现的哺乳动物是掠食者，在不断的进化过程中，摄入所需营养的方式也变得多种多样。如今有肉食动物、草食动物、杂食动物，甚至在同一群体中还有专门分工，使得每个物种都有自己特定的生态位。比如，有一些草食动物只吃水果，另一些则偏爱树枝和树叶，或只吃牧草。它们的不同之处不仅表现在饮食上，不同的饮食习惯意味着其消化系统有不同的解剖学特征。肉食动物的消化系统较为简单，因为蛋白质、脂质和矿物质不需要专门处理。对它们来说，消化纤维素和含有植物细胞内壁的结构性碳水化合物就成问题了。这种高营养物质很难消化，因此，草食动物有分成不同室的胃，在胃中有用来促进纤维新陈代谢的细菌和其他微生物。此外，动物的体重和所需的食物量之间也有关系。体形越小，新陈代谢系统的需求就越多，相对应地，所需要吃下的食物量也越大。

伪装防护

对大多数哺乳动物来说，伪装是保护和防卫的一种策略。伪装就是和环境融为一体。如果它们保持不动，就能躲过“狩猎者”。毛发的长度不同，色素不同，使得动物的毛发能变成周围环境的颜色。这种适应性也表现在一些“狩猎者”身上，这样它们就能抓住猎物。

专门的牙齿

牙齿上有牙冠，上面覆盖着一层坚硬的珐琅质，还有深深扎在牙槽里的牙根。大多数情况下，牙齿被分为四组（切牙、尖牙、前磨牙、磨牙），但在一些物种中，并不是四组牙齿都有，比如海豚或犰狳，还有一些动物连一颗牙齿也没有。

切牙的功能是咬住食物，把食物啃下来、切成块。尖牙的主要任务是撕碎食物，因此，很多食草动物没有尖牙。前磨牙和磨牙又短又平，用来研磨和磨碎食物。但在一些动物群中，比如食肉动物，磨牙组边缘锋利，可用来切断食物。

哺乳动物通常有两副牙齿：第一副为乳牙，随后换成恒牙。恒牙和乳牙在形状和功能上都不同。恒牙不能替换，它们是一副耐用的牙齿。牙齿的生长和形态能为我们提供大量信息，从而知道一只哺乳动物的生活方式和饮食习惯。这对哺乳纲动物的系统研究也非常重要。

异型齿
哺乳动物，比如狼，拥有不同分工的牙齿，几乎每颗都有着不同的功能。

近亲

尽管在今天看来哺乳动物特征各异，但是它们都是从一群被命名为兽孔目的爬行动物演变而来的。兽孔目出现在古生代晚期，现已灭绝，只留下犬齿兽这一后代。犬齿兽属于合弓纲，是哺乳动物的直系祖先。犬齿兽在大约1.95亿年前开始活跃。可以控制体内温度的能力是它存活下来的决定因素。恐龙在6500万年前灭绝，小型哺乳动物避免了同恐龙的竞争及被掠食，它们得以生存、繁衍、演变。

起源和进化

哺乳动物出现在三叠纪时期，和恐龙同期生活，直至恐龙灭绝。哺乳动物可能是夜行性食虫动物。通过对动物化石的研究，可以大致地再现哺乳动物的进化史。其中也包括摩尔根兽，这是一个已灭绝的物种，外形和鼩鼱相似。

哺乳动物进化史

在古生代晚期，一群爬行动物逐渐演变，有了哺乳动物的特征：颌骨变大，牙齿分化，有次生腭，新陈代谢改变，能够调节体温。除了犬齿兽，大部分都没有后代。在大约2.6亿年后，犬齿兽演变成早期哺乳动物。

现代哺乳动物进化里程碑

	犬齿兽：似哺乳类爬行动物	摩尔根兽	吴氏巨颅兽：中耳进化	始祖兽：原始胎盘类动物适应爬树	恐龙灭绝		曙猿：手和四肢可以抓东西
单位：百万年	260	200	195	125	65		45
纪	二叠纪	三叠纪	侏罗纪	白垩纪	第四纪	晚第三纪	早第三纪
代	古生代	中生代 爬行动物时代			新生代 哺乳动物时代		

摩尔根兽

原始哺乳动物，属于三尖齿兽目，是一种生活在三叠纪晚期到白垩纪的哺乳动物。在亚洲的中国、欧洲、北美发现了它的化石。

从爬行动物到哺乳动物

在进化过程中，哺乳动物头骨中的关节骨和方骨演变成中耳里三个听小骨中的两个。现代哺乳动物的听小骨能够把声音从鼓膜传递到内耳。

似哺乳类爬行动物

爬行动物和合弓纲动物头骨中的下颌由多块骨头构成。关节骨像铰链一样，和方骨连接在一起。

头骨

比现存的所有哺乳动物的头骨都小。

毛发

全身被毛，这是哺乳动物一个最为显著的特征。

颌骨

下颌只剩下一块骨头——齿骨。颌骨关节的位置也发生了变化。

腿

腿垂直于躯干下方。这和非恐龙爬行动物有很大不同。它们的腿朝身体外伸展。

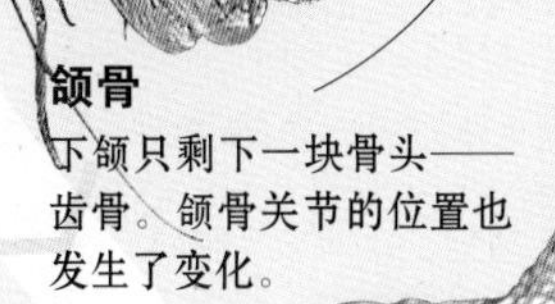

在三叠纪时期的转化

关节骨和方骨之间的关节依然存在，在次棱角骨和鳞状骨中间出现另一个关节。次棱角骨的位置和齿骨位置相符。颧弓逐渐进化，且在颧弓处长出一块重要的颌骨肌肉。

切牙

尖牙

前磨牙和磨牙

现代哺乳动物

只有连接齿骨（下颌的主要结构）和鳞骨的关节还保留着。牙齿分化成不同功用的牙齿：切牙、尖牙、前磨牙和磨牙。

锤骨

砧骨

听觉神经

镫骨

鼓膜

当今哺乳动物的耳朵

关节骨变成当今哺乳动物耳朵中三个听小骨中的第一个，即锤骨。第二个是砧骨，由祖先的方骨演变而来。镫骨通过椭圆形的前庭窗把砧骨和内耳连接在一起。前庭窗通向半圆形耳道。

注

齿骨　角骨　关节软骨

鳞骨　方骨　颈部

次棱角骨

分类

哺乳纲由29个目构成，通常被分成两个亚纲：原兽亚纲（哺乳动物中唯一产卵的动物群）和兽亚纲（胎生哺乳动物）。后一种又分为两个下纲：后兽下纲（没有胎盘的哺乳动物即有袋目动物）和真兽下纲（有胎盘类动物，这一下纲里包含剩下的所有现代哺乳动物）。

灵长目

有相对的拇指，能抓住物体。

原兽亚纲

这一亚纲由一群哺乳动物构成。这些哺乳动物最突出的特征是：它们并不产崽，而是产卵。这一亚纲也被称作单孔目。鸭嘴兽和针鼹属于这一亚纲。单孔目动物分布在澳大利亚大陆、塔斯马尼亚岛和新几内亚地区。

食肉目

包含多种动物的目，大部分由掠食者构成，比如豹子。

后兽下纲

也被称作有袋目动物，这一下纲的哺乳动物最显著的特征是雌性子宫发育不足，幼崽抓住乳腺，吮吸乳汁完成发育。乳腺长在囊袋或育儿袋中。由于胎儿的妊娠期较短，幼崽刚出生时，眼睛和耳朵发育不全，但是它们的消化系统和呼吸系统已经足够强壮，能够在育儿袋中存活下来。这一下纲由7个目构成，其中4个目来自大洋洲，剩下的3个目来自美洲。

大袋鼠、树袋熊和负鼠（在阿根廷被错误地称作鼬）是后兽下纲中最为人所熟知的动物。

真兽下纲（有胎盘类）

大部分哺乳动物都属于这一下纲，其包含21个目。它们的共同特征是幼崽在母亲子宫内发育。因都具有这一特征，它们被归为一类。不同物种的幼崽在母亲肚子里的时间有所不同，但时间都相对较长。

最新证据

DNA序列分析表明，鲸和奇蹄目动物（比如马、貘和犀牛）都属于真兽下纲。它们之间的姻亲比其他任何一个种群都更近。另一方面，DNA研究发现，有胎盘类哺乳动物主要分布在三大区域：非洲、南美洲和北半球。

已灭绝的目

无论是在有胎盘类还是在有袋目或单孔目动物中，都有已灭绝的目。哺乳动物出现在距今大约2.2亿年前的三叠纪。自那之后，有很多种哺乳动物出现又灭绝了。当今的哺乳动物种类只是这一庞大种群的一小部分。

距今仅1万年前，在南美洲，很多种动物灭绝了。有很多南美洲本土目，如南美有蹄目，由类似于河马的哺乳动物构成。南美洲的滑距骨目也已经灭绝，这一目中有类似于现代骆驼的食草动物。

300万年前，中美洲大陆桥形成，南美洲和北美洲的动物之间有了交流。乳齿象、剑齿虎、熊、骆驼科动物、马鹿、马和犬科动物是从北美洲进入南美洲的一部分动物。这次相遇，给南美洲的很多物种带来了灭顶之灾，另外一些则共同生存。但或许影响最大的因素还是人类到达了美洲（最近的猜测认为是在10万年前），因为在那时仍有很多今天已经消失的物种。

卵生哺乳动物

单孔目
目：单孔目　科：2　种：5

有袋纲

负鼠
目：负鼠目　科：11　种：87

鼩负鼠
目：鼩负鼠目　科：1　种：6

南猊
目：微兽目　科：1　种：1

澳洲有袋鼠、袋食蚁兽及近亲
目：袋鼬目　科：3　种：71

袋狸
目：袋狸目　科：3　种：21

袋鼹
目：袋鼹目　科：1　种：2

负鼠、袋鼠、树袋熊、袋熊及近亲
目：双门齿目　科：11　种：143

有胎盘类哺乳动物

犰狳
目：有甲目　科：1　种：21

树懒和食蚁兽
目：披毛目　科：4　种：10

穿山甲
目：鳞甲目　科：1　种：8

马岛猬、懒鼩、金毛鼹
目：非洲猬目　科：2　种：51

象鼩
目：象鼩目　科：1　种：15

刺猬和刺毛鼩猬
目：猬形目　科：1　种：24

鼹鼠、鼩鼱、比利牛斯鼬鼹和沟齿鼩
目：鼩形目　科：4　种：428

鼯猴或飞行狐猴
目：皮翼目　科：1　种：2

树鼩
目：树鼩目　科：2　种：20

蝙蝠
目：翼手目　科：18　种：1116

灵长目动物
目：灵长目　科：15　种：376

- 狐猴亚目的猴
  亚目：原猴亚目　科：7　种：88
- 猴和猿猴
  亚目：简鼻亚目　科：8　种：288

食肉动物
目：食肉目　科：15　种：287

- 狗和狐狸
  科：犬科　种：35
- 鬣狗和土狼
  科：鬣狗科　种：4
- 熊和熊猫
  科：熊科　种：8
- 小熊猫
  科：熊猫科　种：1
- 鼬科动物
  科：鼬科　种：59
- 海豹
  科：海豹科　种：19
- 海狮和北方海狗
  科：海狮科　种：16
- 海象
  科：海象科　种：1
- 浣熊及近亲
  科：浣熊科　种：14
- 麝香猫、小斑獛和灵猫
  科：灵猫科　种：35
- 獴
  科：獴科　种：33
- 猫及近亲
  科：猫科　种：40
- 马达加斯加食肉动物
  科：食蚁狸科　种：8
- 非洲椰子猫
  科：双斑狸科　种：1
- 加拿大臭鼬
  科：臭鼬科　种：13

大象
目：长鼻目　科：1　种：3

海牛和儒艮
目：海牛目　科：2　种：5

奇蹄动物
目：奇蹄目　科：3　种：17

- 马、斑马和驴
  科：马科　种：8
- 貘
  科：貘科　种：4
- 犀牛
  科：犀科　种：5

蹄兔
目：蹄兔目　科：1　种：4

土豚
目：管齿目　科：1　种：1

偶蹄动物
目：偶蹄目　科：10　种：240

- 牛、羚羊和羊
  科：牛科　种：143
- 鹿
  科：鹿科　种：51
- 鼷鹿
  科：鼷鹿科　种：8
- 麝鹿
  科：麝科　种：7
- 叉角羚或美国羚羊
  科：叉角羚科　种：1
- 长颈鹿和獾伽狓
  科：长颈鹿科　种：2
- 骆驼和羊驼
  科：骆驼科　种：4
- 猪
  科：猪科　种：19
- 西猯
  科：西猯科　种：3
- 河马
  科：河马科　种：2

鲸目动物
目：鲸目　科：11　种：84

- 海豚和齿鲸
  亚目：齿鲸亚目　种：71
- 须鲸
  亚目：须鲸亚目　种：13

啮齿动物
目：啮齿目　科：32　种：2277

- 松鼠、花栗鼠
  亚目：松鼠形亚目　科：4　种：347
- 豚鼠
  亚目：豪猪亚目　科：18　种：290
- 河狸、更格卢鼠及其近亲
  亚目：河狸亚目　科：2　种：62
- 小家鼠、大家鼠、跳鼠、旅鼠、仓鼠及亲戚
  亚目：鼠形亚目　科：7　种：1569
- 鳞尾松鼠及亲戚
  亚目：鳞尾松鼠亚目　科：2　种：9

野兔、兔子和鼠兔
目：兔形目　科：3　种：93

有胎盘类动物

这一动物群中包含各种各样的动物，从鲸到老鼠、狗、猫，甚至人类。有近4000种已有描述。有胎盘类哺乳动物产下在母体子宫内生长的幼崽。在子宫内，幼崽通过一个专门的器官——胎盘来获取营养，直到它们发育得足够成熟，然后降生于世。

胚胎

精子和卵子相遇，卵子受精，在随后的几天内，不同的脊椎动物之间胚胎的发育惊人地相似。差异非常大的动物，比如鱼、猫和人类，这时，它们的胚胎是相似的，直至胎儿慢慢有了本物种成年时的特征。在有胎盘类动物身上，这个过程是在母体肚子里完成的，有袋目动物则是在出生之后完成的。

3~8只

在猫的子宫内可以生长发育的胎儿数。有些胎儿在出生前就死去了，这是正常的。

母乳

哺乳动物的一个主要特征就是雌性身上有特殊的能产奶的腺体。乳汁内含有幼崽所需的所有营养物质。物种不同，乳汁的成分也不相同，但通常都含有脂肪、蛋白质、糖和维生素。

1 当幼崽吃奶时，刺激雌性动物的乳头。

2 这一刺激经脊髓把信息传给脑垂体，脑垂体分泌一种叫催产素的激素。

3 激素随着血液输送到乳房。

4 在乳腺里，催产素引起乳头周围的细胞收缩，向排乳的乳道挤压乳汁。

猫的怀孕过程

在交配后的24~36小时之间，母猫受孕，开始了怀孕过程。妊娠期长达60~65天。

子宫

是位于雌性腹部的一个器官。随着里面胎儿的发育，不断增大。

怀孕过程

16天

胎儿被绒毛膜和羊膜包围。每个胎儿在它自己的孕囊里成形。

20天

正在成形的小猫弯曲着身体，这是胎儿最典型的姿势。可以看出头、中间的身子和尾巴。手足和眼睛正在成形。

38天

神经系统和肌肉系统发育水平很高，胎儿在母亲肚子里活动，伸伸腿，挠挠痒。

推迟怀孕

受精后，如果外部环境比较恶劣，犰狳会推迟妊娠的开始。

复杂的胎盘

怀孕不久之后，胎盘大部分连接着母体和婴儿。在豹子的胎盘中，一张大网连接着两者的组织结构。

羊水

位于羊膜囊内。除了保护胎儿不受外界侵害之外，还为胎儿的生长营造最佳环境。

胎盘

在妊娠期时由一层膜形成。这层膜和包裹爬行动物、鸟类和单孔目动物的卵的膜是一样的。胎盘里有正在成形的胎儿所需的营养物质、氧气和抗体。同时，胎儿也是通过胎盘排出排泄物的。

羊膜囊

一层薄薄的膜，包裹着生长中的胎儿。

脐带

连接胎儿和母体胎盘的管状结构。由一整组血管构成。它的作用是为正在生长中的胎儿和母亲之间完成物质的传输。

家猫

Felis catus

13 厘米

刚出生小猫的大概体长。

63 天

出生时没有毛，皮肤半透明。出生1周后，睁开眼睛，和身体大小比起来，眼睛显得很大。

52 天

胎儿有了成年时的行为习惯，比如张开嘴巴或者舔爪子，和成年猫清洁自己时的动作相似。

古老的哺乳动物

最早的有胎盘类动物出现在白垩纪时期，它们的生殖系统和有袋类动物不同，胎儿能在母体中生长发育更长时间。我们最古老的亲戚是一些小型动物，它们主要以昆虫为食，在夜间活动。

1.25 亿

据估计，现代有胎盘类哺乳动物最古老的亲戚所生活的年代距今年数。

重褶齿猬

生活在8000 万~7000 万年前，活动在今天的中亚地区。长约20 厘米，会挖土：得益于它尖尖的嘴巴和强壮的爪子。以捕捉昆虫为食，也能在潜在的掠食者面前隐藏自己。被认为是现代啮齿目动物的祖先。

重褶齿猬

有记载的两种中的一种。

亲戚

始祖兽是有胎盘类哺乳动物最古老的祖先。生活在1.25 亿年前。在中国发现了它们的化石。它们被认为是以昆虫为食的，已经适应攀树和灌木。这一习性使得它们能幸免于同期大型动物的口腹之下。

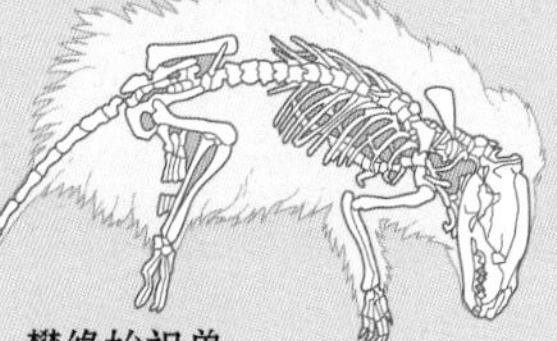

攀缘始祖兽

估计有胎盘类动物这一祖先重量在20~25 克之间。

解剖结构

哺乳动物有一些共同的解剖和生理特征，它们的身体系统有着相似的作用，如吸入氧气、释放能量、消化物质获取营养、排出排泄物等。在骨质结构和肌肉结构的支持下，消化系统、排泄系统、呼吸系统、循环系统、生殖系统和神经系统的所有功能都得到实现。

骨骼

哺乳动物和其他脊椎动物相比，头颅骨头的数量明显偏少。这是由于一些骨头合并成一个骨头，另一些则消失了。脑颅腔的进化非常显著，特别是在高等哺乳动物身上，脑容量增大。骨架的支柱——脊柱分为 5 个椎骨区或椎骨组：颈、胸、腰、骶和尾。除了颈椎组，其他椎骨组骨头的数量变化非常大。通常动物都有 7 块颈椎骨，只有树懒和海牛例外。但尾骨的数量在 3~47 之间变化。尽管稍有差别，但所有哺乳动物的骨骼系统的构成是一样的。根据每个物种不同的生活方式，有些骨头的形状不太一样，特别是四肢的骨头，变化非常明显。

肌肉系统

所有哺乳动物的表皮肌肉都特别发达。总体来讲，躯干皮肤之下有一大块覆盖着背部至脖子和头部的肌肉，在皮肤的不同位置，依附着肌腱组织。这块肌肉使得针鼹、犰狳、刺猬的身体能够卷曲。对那些栖息在树上的哺乳动物来说，尾巴是第五肢，像豪猪、南美猴子、树栖蚂蚁和一些有袋动物，尾骨肌非常发达。鲸目动物的腰方肌较长，能把脊柱和最后几根肋骨对应的腰部扭动起来。善跳跃的动物的后肢肌肉异常发达。

消化系统和排泄系统

哺乳动物颌骨的作用就像一个有效的切割撕碎工具。它们的口腔中有唾液腺。唾液腺分泌唾液，有利于吞咽食物，同时也是消化过程的始端。口腔上壁由次生腭、骨腭构成。骨腭把口腔和鼻腔分开，不仅方便呼吸，而且有助于吞咽和咀嚼食物。

吞咽的食物随后通过食管和胃，然后穿过小肠，到达整个过程的终点——大肠。在大肠内完成水和矿物质的吸收。

排泄物储存在直肠里，通过肛门排出体外。通过肾、输尿管和膀胱完成尿液的排出。

身体结构

所有哺乳动物都能用肺呼吸，都有向动脉或静脉输送血液的心脏，还有支撑起整个身体的骨骼系统。在牛身上，有分成多室的胃，小肠特别长，这些消化系统的特征符合食草哺乳动物的特征。牛的乳腺被称为乳房。这是负责产奶和存奶的器官。4个乳腺都是相互独立的个体，通过对应的乳头和外部连接。

分成两个腔

横膈膜和肌肉膜把躯干分成两个腔——胸腔和腹腔。横膈膜上有特殊的小孔，食管、主动脉和下腔静脉从中穿过。

肠子

食草哺乳动物和食肉哺乳动物的肠子是不同的。草食动物的小肠要长很多，比如牛的小肠。

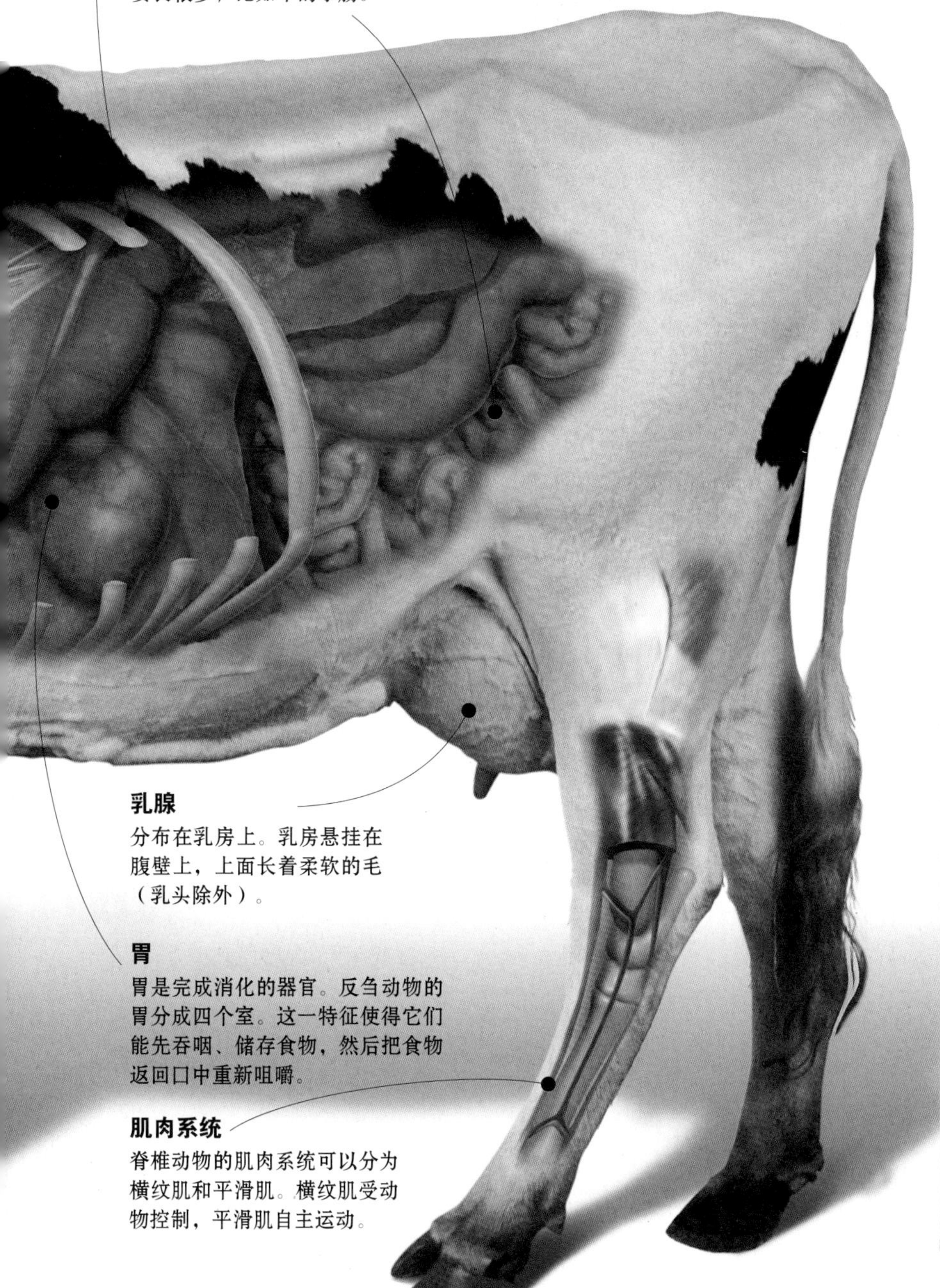

乳腺

分布在乳房上。乳房悬挂在腹壁上，上面长着柔软的毛（乳头除外）。

胃

胃是完成消化的器官。反刍动物的胃分成四个室。这一特征使得它们能先吞咽、储存食物，然后把食物返回口中重新咀嚼。

肌肉系统

脊椎动物的肌肉系统可以分为横纹肌和平滑肌。横纹肌受动物控制，平滑肌自主运动。

飞行和水栖动物的运动

会飞的动物

翼手目（蝙蝠）中的很多动物成功地征服了天空。它们的前肢很长，指头间有一层薄膜相互连接，这层膜使指头变成强有力的翅膀。膜在动物身体两侧延长，与后肢及尾巴连接在一起。胸腔通常较宽，可以生长更多强有力的肌肉，利于飞行。有将近1000种蝙蝠，它们的外形和饮食有很大的差异。

叶口蝠科

水栖动物

一些陆栖哺乳动物逐渐向水栖生活进化。鲸目动物的适应进化最多：流线型的外形，没有明显的脖子，前肢成鳍状，无后肢，但有推动前进的尾鳍。大部分有背鳍。鼻子不是嗅觉器官，长在头顶，使得它们稍微浮出水面就能呼吸。能够降低心跳频率，当它们潜伏在水里时，所需的氧气就会减少。

宽吻海豚 *Tursiops truncatus*

繁殖

所有哺乳动物的受孕过程都是在体内完成的。也就是说，雄性的精子和雌性的卵子结合是在雌性体内完成的。这种方式给胚胎提供了最大的保护，使它们免受外界的伤害。哺乳动物有三种繁殖方式：单孔目动物产卵，有袋类和有胎盘类动物产下活的幼崽，虽然只有后者有胎盘。所有哺乳动物的幼崽在生命初期都是靠吃母乳来获取营养的。

循环系统

血液在肺部充满氧气后，流入左心房，左心室通过错综复杂的动脉把血液输送到生物体全身。没有氧气的血液通过静脉回到右心房。右心室挤压血液流入肺部，重复这一过程。

哺乳动物的红细胞是圆盘状的，没有细胞核。这样就有更多的空间来输送氧气。除了血液之外，淋巴在淋巴管内循环。淋巴是淡黄色的含有血浆和淋巴细胞的液体，参与机体抗体的形成。

呼吸系统

所有哺乳动物都用肺呼吸。从空气中吸入的氧气通过咽和喉到达肺部，从那里进入气管。气管分成两个支气管，每个支气管在肺的内部又有很多分支。胸膜的收缩和扩张对肺的收缩和扩张起着最主要的作用。

神经和感官

尽管哺乳动物的大脑在动物王国中是最复杂的，但不同的哺乳动物的大脑也是不同的。五大感官（视觉、听觉、嗅觉、味觉和触觉）很发达，这要归功于发达的神经网络，负责向感觉器官输送信号，同时负责感觉器官向神经发送信号。在同一物种之内，由于栖息地和生活方式不同，一些动物的感觉器官要比另一些灵敏，比如，鼹鼠的嗅觉异常灵敏，嘴部的触觉也比较灵敏，这方便它们获取食物；相反的是，它们的视觉并不是很好。

颜色范围

很多哺乳动物的皮毛有多种颜色。普通松鼠皮毛的颜色是整个古北界动物中最为多样的。

毛发

毛发几乎覆盖了全身。皮毛是皮肤上长出的丝状物。根部粗大，埋在一个小小的叫毛囊的袋子里。毛发的重要作用是隔热和保护。

根据毛发的粗细和柔韧性的不同，外形也有所不同，有不同的名称，鬃毛、羊毛、汗毛、鼻毛等。一些动物通过凝聚或其他方法，毛变成了刺，比如豪猪；或者变成了鳞，比如穿山甲。通常哺乳动物的毛发分两层：长长的外毛和内毛（也叫绒毛）。通常外毛覆盖着内毛。大部分哺乳动物定期换毛，这也就意味着毛的颜色会变。比如北极地区的一些动物，冬天的时候毛变成白色，用雪一样的颜色来隐藏自己。因此，哺乳动物的皮毛有掩护自己的功能。

斑点和条纹就是动物在自然环境中的保护色和保护图案。这可以帮助猎物（比如啮齿目动物）在不被发觉的情况下躲过“狩猎者”，同时也帮助“狩猎者”（比如大型猫科动物）在不被发现的情况下靠近猎物。

毛发对生存来说至关重要。因此，动物经常用牙齿或爪子弄出毛发里的脏东西和寄生虫（比如跳蚤和虱子），梳开打成结的毛发。

功能适应

根据四肢的解剖学特征，四足哺乳动物和两足哺乳动物有不同的走路方式。爪子和地面的接触分为三种情况：

注

胫骨/腓骨　跗骨

跖骨　趾骨

蹄行动物

用趾端踏着地行走。脚印就是蹄印。马的蹄子上有蹄甲。

马

趾行动物

走路时，脚趾（部分脚趾）的表面完全接触地面。一些动物，比如猫，它们的爪子能缩进去。

狗

跖行动物

熊、灵长目动物，包括人类，走路时，脚趾和脚掌的大部分都接触地面，尤其是跖骨。

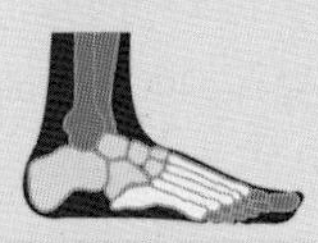

人类

行走或攀爬

猴子适应了树上的生活，有相对的拇指。人类朝陆地生活进化，脚上没有和其他脚趾相对的拇指。

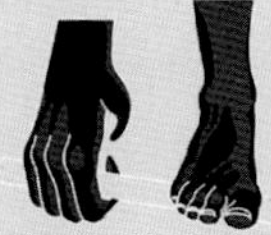

黑猩猩　人类　黑猩猩　人类

皮肤和毛

哺乳动物的皮肤有自己独有的特征，比如持续生长、表皮更换、被毛覆盖、有多种皮肤腺。大部分物种一生身上都有毛，而有些动物只有特定阶段身上才有毛。

皮肤层次

哺乳动物的皮肤由表皮、真皮和脂肪组织或皮下组织三层组成。

表皮

皮肤的最外一层，由扁平的坚实的细胞构成。

真皮

有血管、神经末梢和在皮肤表面分泌油性物质——油脂的腺。

脂肪组织

一种特别组织，通过结膜细胞（脂肪细胞）将能量存储为三酰甘油。

汗腺

当身体发热时，分泌汗液。汗液通过管道排到皮肤表面。

皮脂腺

分泌油脂，使皮肤保持湿润，防水，保护皮肤。

默克尔细胞

神经末梢，触觉接收器。分布在皮肤上和黏膜上。

乳头层

使真皮固定到表皮上。

环层小体

脂肪层上的感觉接收器，感受压觉和振动觉。

保温

皮肤和毛帮助保存热量，也能隔绝外部热量。比如骆驼，要长时间暴晒在高温下。

毛发和应变

在降雪地区生活的很多哺乳动物的毛是白色的，这是为了隐藏自己。另一些动物，比如北极狐，毛色随四季变化。冬天白色的毛有利于其狩猎。

紫外线

毛发使皮肤免受紫外线照射。

毛发结构

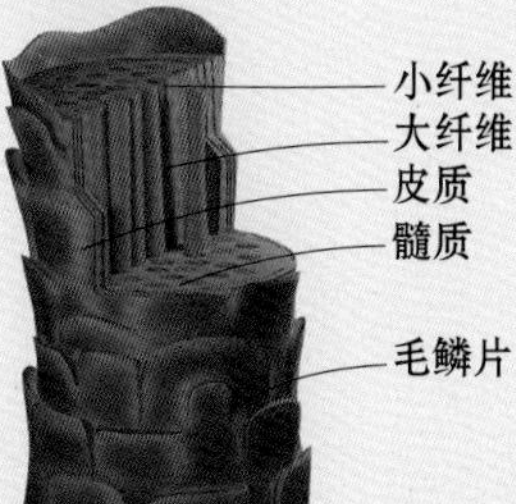

多种多样的毛

大部分哺乳动物的毛发中有不同类型的毛。颜色的差异和黑色素有关，密度和气候有关，颜色受环境影响。

蝙蝠的毛

每根毛都有一层由鳞片组成的外层角质层。

北极熊的毛

中间是空的，里面充满空气。这样，内层就具有了保温的功能。

豪猪的刺

适应进化成有防卫功能的刺。被称作守卫之发，在毛发的外面。

小刺

尖利的鳞片。

生物学及行为

哺乳动物的行为举止是基因遗传和后天学习的共同结果。嬉戏和成年动物教给幼崽的捕猎和防卫技巧是这一过程中的重要环节。社会组织、交配体制及领地、同伴之间的关系根据每个栖息地的特征以及食物获取量的多少而变化。

先天性行为和后天学习行为

哺乳动物的先天性行为使得它们刚出生时就会吃奶，但是也需要母亲悉心的照顾才能幸存，至少在生命初期是如此。这种把哺乳动物和其他动物区分开来的特征也决定了其群居性：也就是说，成年动物和幼崽之间有着稳定持久的联系。嬉戏对年幼动物的成长有着重要的作用。模仿成年动物、尝试与试错的经验是为了适应成年生活而必不可少的学习机制。一些种类的哺乳动物甚至拥有使用栖息地的材料作为工具的能力。一个明显的例子就是海獭，它们会用石头敲开软体动物的壳。

侵略和统治

有限的资源意味着同类之间的竞争。不管是身体格斗还是威胁性侵略，都是解决冲突的途径之一。很大一部分冲突是非暴力的：多种方式能在不造成伤害的情况下确定统治地位。比如，在两只雄性长颈鹿的争斗中，它们用脖子互相缠绕直至一方获胜，而不会使用有潜在的致命危险的蹄子，这样双方都不会受伤。然而，在其他情况下，斗争则会非常激烈，甚至是你死我活。在群居动物中，统治地位建立在群体的等级制度上，动物首领能优先获取各种资源（食物和发情期雌性的交配权）。

性行为

交配体制按照雌雄两性之间的关系分类。一夫一妻制是指在一段时期内一对夫妻之间的关系。相反，多配制是指一只雄性与多只雌性（多妻）的关系，比如海狮或狮子，或者是一只雌性与多只雄性（多夫）的关系，这种情况在哺乳动物中很少见，只有一些灵长目动物和针鼹是这样的。一些哺乳动物会像某些鸟类一样，在求偶场所或特定区域进行交配。雄性进行求偶表演、互相斗争，与此同时雌性会选择最适合的雄性来交配。独居动物只在交配期才聚在一起。它们会发出信号吸引异性。雄性驼鹿能发出持久的声音，吸引3000米以外的雌性。

群居性和领地

哺乳动物有不同的社会结构组织。一些动物，比如食蚁兽是独居的，只在繁殖期才和同类聚在一起。另一些动物成对生活或者是结成不同规模的群体生活。共同生活的好处：合作狩猎、聚集在一起共同应对恶劣天气、共同制订防卫策略。独居在其他方面也有其优势，比如大型的掠食动物需要大量的猎物才能吃饱，而独居就避免了竞争资源。

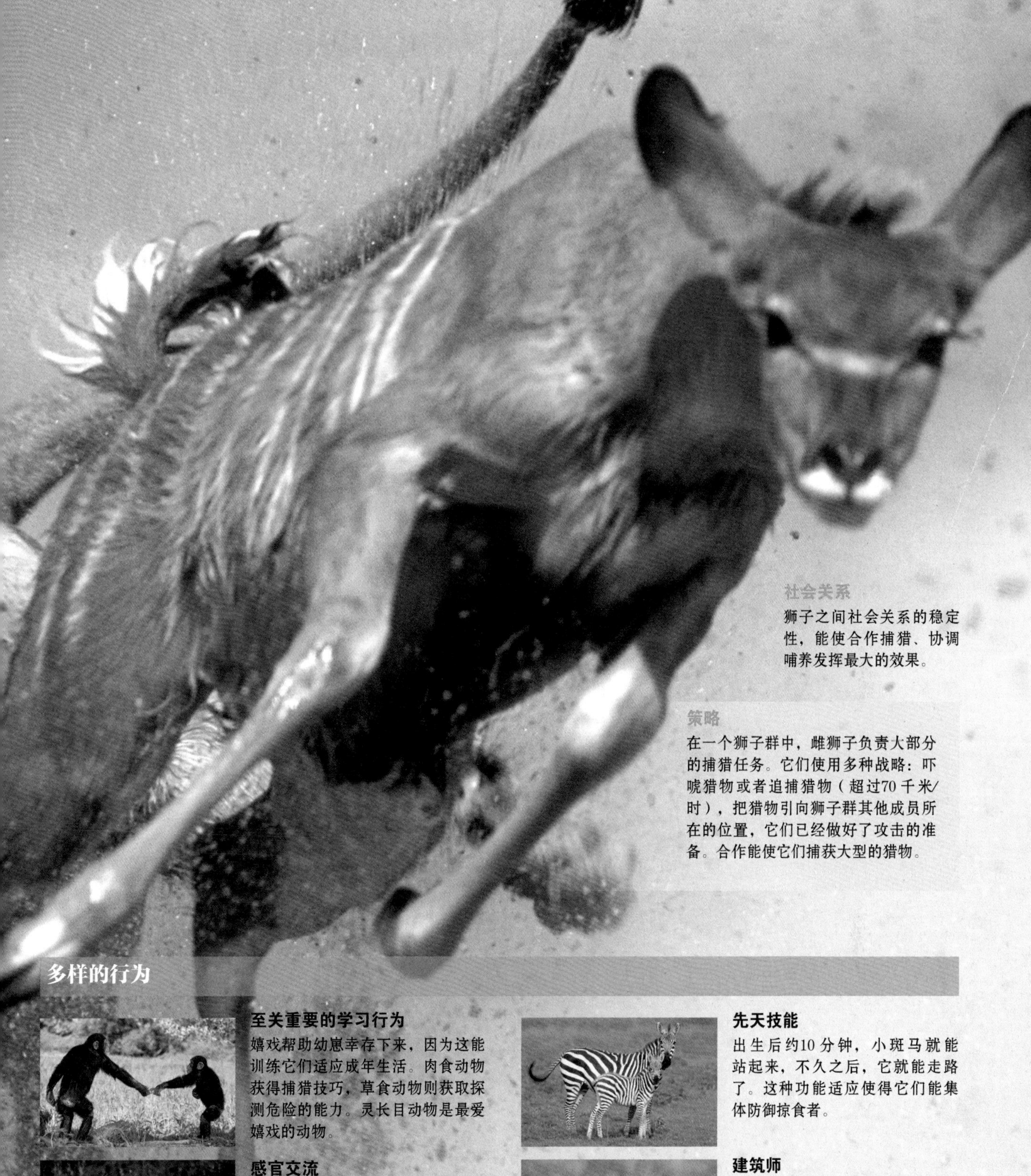

社会关系

狮子之间社会关系的稳定性，能使合作捕猎、协调哺养发挥最大的效果。

策略

在一个狮子群中，雌狮子负责大部分的捕猎任务。它们使用多种战略：吓唬猎物或者追捕猎物（超过70千米/时），把猎物引向狮子群其他成员所在的位置，它们已经做好了攻击的准备。合作能使它们捕获大型的猎物。

多样的行为

至关重要的学习行为

嬉戏帮助幼崽幸存下来，因为这能训练它们适应成年生活。肉食动物获得捕猎技巧，草食动物则获取探测危险的能力。灵长目动物是最爱嬉戏的动物。

感官交流

不管是声音、气味还是姿势都被用于同伴之间的交流。比如山地郊狼通过号叫和尖锐的吠声聚集整个狼群成员。

共同生活

在一些社会结构中，以集群合作捕猎的形式来获取食物。比如非洲野犬，也叫杂色狼，它们相互合作进行捕猎，野犬群的大小决定捕获猎物的多少。

先天技能

出生后约10分钟，小斑马就能站起来，不久之后，它就能走路了。这种功能适应使得它们能集体防御掠食者。

建筑师

很多哺乳动物用草、树干和泥建造睡觉或产崽用的窝。草原犬鼠组成庞大的以家庭为单位的体系，多达1000只个体生活在一起。

群体教育

在一些动物中，照顾幼崽是群体的事。成年巨獭会教整个群体中3个月大的幼崽捕鱼，会用受伤的鱼训练它们。

生命周期

大部分哺乳动物是有胎盘类动物。幼崽在母亲腹部（子宫）完成发育：出生时已经成形，很多动物出生后不久就能行走。而有袋类动物有另一种繁殖方式：幼崽出生后，在母亲的育儿袋内继续生长发育。其他哺乳动物，比如鸭嘴兽和针鼹则产卵。

有胎盘类动物

有胎盘类动物在哺乳动物中占大多数，是地球上繁殖最多的动物。有胎盘类动物总体上是一夫多妻的：少量的雄性（最具竞争力的）使很多雌性受孕，另一些雄性则没有这个机会。只在少数的一夫一妻的哺乳动物中，雄性协助照顾幼崽；当资源匮乏时雄性也会这样做。

断奶——35~40 天
哺乳期结束之后，幼崽仍和母亲生活在一起。受到母亲的保护，学习该物种的举止行为。

9~12 年
这是一只兔子可以存活的年数。

性成熟——5~7 个月
兔子吃得越好，就越早达到性成熟。一般8~9个月大的时候已达到成年，重约900 克。

雌兔子随时可以接受交配。

哺乳期——25~30 天
只吃奶，直到能消化固体食物，也就是到20 天大的时候。35 天或40 天大的时候幼崽离开兔窝，待在幼崽区内（归家冲动）。

有4~5 对乳头。

妊娠期——28~33 天
在一个集体洞穴（养兔场或兔子洞）中度过妊娠期。这是一个在土里挖的洞，洞口覆盖着草和毛。一旦哺乳期结束，雌兔就会离开这个洞穴。

10 厘米

出生时，身上无毛，皮肤是半透明的。

出生
出生时，小兔重40~50 克。

3~9 只
这是一窝小兔子的个数，一只兔子一年可以生产5~7 窝。

穴兔
Oryctolagus cuniculus

长寿的哺乳动物

鲸鱼的平均寿命是90 岁，它们是最长寿的哺乳动物。

幼崽夭折

在雌象海豹分娩后不久，象海豹在地面上进行交配。很多时候会把小象海豹压死。

有袋类动物

妊娠期非常短，随后在一个特殊的部分开口的袋子（育儿袋）里生长，育儿袋长在雌性腹部。

幼崽抓住母亲，由母亲托住，转个圈，爬到母亲背上。

离开育儿袋——1 岁

幼崽长到能独自站起来的大小。已经能吃草。雌性再次怀孕，幼崽待在附近。

性成熟——3~4 岁

2 岁时，有成熟的性器官。但是直到一或两年之后才开始交配。

一些雌性出去寻找强壮的雄性。

领头树袋熊和所有的雌性交配。

哺乳期——22 周

育儿袋内有一块肌肉防止幼崽掉下来。22 周大的时候，幼崽睁开眼睛，开始吃一种草做的粥状食物。

哺乳期后期，毛覆盖了幼崽全身。

2 厘米

妊娠期——35 天

幼崽需要自己从雌性的泄殖腔爬到育儿袋内，完成发育。

树袋熊

Phascolarctos cinereus

1 只幼崽

一次产1 只，一年产1 次。

产崽数

总体上，幼崽的数量和动物体形的大小成反比。

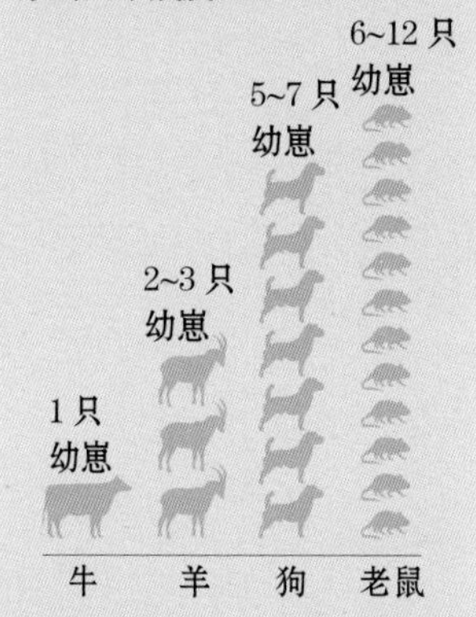

妊娠期

有胎盘类动物的妊娠期要比有袋类动物的长很多。

单孔目动物

雌性产卵的哺乳动物通常是独居动物。雌性短吻针鼹实行一妻多夫制。

在育儿袋内——2~3 个月

破壳而出之后，幼崽继续待在雌性的育儿袋内吃奶。

四肢没有发育。

位于地下或岩石中的洞穴。

毛已呈刺状。

孵化期——12 天

前期的妊娠期是1 个月。产卵后，雌性卧在卵上，保持卵的温度。

刚出生的小针鼹

卵壳

断奶——4~6 个月

3 个月后，幼崽可以离开洞穴，或者独自在洞穴内待上一天半，直至最终离开母亲。

1~3 枚

一次产卵数

澳洲针鼹

Tachyglossus aculeatus

寿命

体形大的物种通常比体形小的更长寿。

种	年数
人类	70
大象	70
马	50
长颈鹿	20~26
猫	15
狗	12~15
仓鼠	3

濒危哺乳动物

根据世界自然保护联盟（IUCN）濒危物种红色名录，几乎每四种哺乳动物中就有一种面临完全灭绝的危险。主要原因是：污染、乱砍滥伐以及偷猎造成的栖息地的破坏。在几乎所有的重要动物群中都有受到严重影响的物种。灵长目动物的处境最危险。

受影响地区

热带雨林地区的生物多样性最丰富，在那里生活着大部分濒临灭绝的哺乳动物。世界自然保护联盟（IUCN）每四年更新一次全世界物种的状况。根据2008年的报告，估计世界所有哺乳动物种类中近1/4处于濒危状态。自1500年以来，至少有76种哺乳动物消失，可见问题的严重性。

地球上的热带雨林地区集中在中美、南美、撒哈拉以南非洲及亚洲东南部。然而澳大利亚却是哺乳动物灭绝数目最高的国家。

人为因素

在动物王国自然进化史上也有很多大规模灭绝的记录。实际上，在我们地球上生活的哺乳动物中的大多数都已经消失。然而，如今动物灭绝速度飞快，不同往日：人为因素造成越来越多的物种灭绝或处在濒危中。

从史前时期起，人类的活动就造成了大量哺乳动物灭绝；随着人类居住范围的扩大，打猎引起很多哺乳动物种类消失或处在危险之中。例如，自人类穿越白令海峡向北美洲进发后，造成河狸、长角野牛、真猛犸象和乳齿象的灭绝。

然而，在现代特别是世界范围内工业化进程中，为了获取食物或生存对动物的直接屠杀并不是造成动物处于危险中的主要原因。相反，自然栖息地的破坏、各种各样的污染才是对整个地球所有物种的最主要的威胁。

令人不安的数字

根据世界自然保护联盟的一份最新报告，188种哺乳动物处在极危中，其他448种处在严重濒危中。

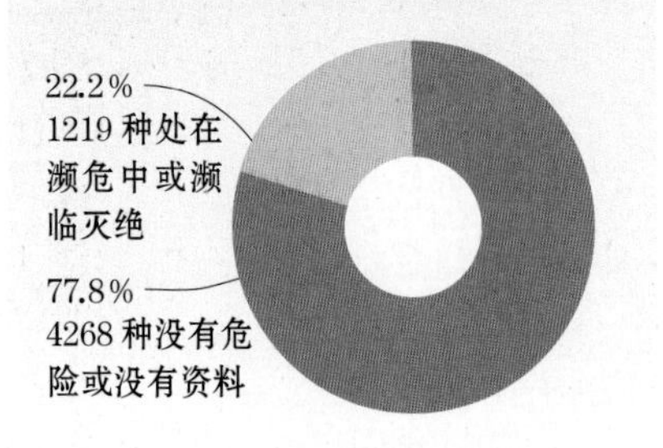

黑足鼬
Mustela nigripes
在20世纪80年代濒临灭绝，如今几乎没有在野外出生的幼崽。草原犬鼠是其主要食物，草原犬鼠数量的减少是它们面临的最主要威胁。

注
极危的哺乳动物
灭绝种类已超过10种
灭绝种类达10种

鲸目动物
生活在海边和淡水里的小型鲸目动物是这一个群体中受威胁最大的动物。加湾鼠海豚（*Phocoena sinus*）很有可能是下一个灭绝的鲸目动物，因为野外只剩下大约150只。相反，近几年来，随着保护和防止打猎措施的加强，座头鲸和露脊鲸所受的威胁有所下降。

灵长目动物

灵长目动物是哺乳动物中受影响最大的动物。热带森林的破坏和野生物种及其肉类的非法贸易，造成几乎一半（49%）的物种处在危险之中。情况最严重的是越南的白头叶猴（*Trachypithecusp poliocephalus*）和马达加斯加的北鼬狐猴（*Lepilemur septentrionalis*），据估计，每一种剩下不到100只。

猩猩
猩猩属

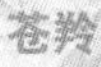

苍羚
Nanger dama
处在极危之中，面临着严峻的灭绝危险。在最近10年，苍羚数量减少了80%。

IUCN
The World Conservation Union
世界自然保护联盟

大熊猫
Ailuropoda melanoleuca
据估计，野外生活的大熊猫不到2500只，因此被列为濒危物种。栖息地（中国）环境的破坏、竹子的砍伐（竹子是它们最主要的食物）是它们生存最主要的威胁因素。

倭河马
Choeropsis liberiensis
倭河马的状况从20世纪90年代的易危变成最近几年报告中的濒危。几内亚地区的狩猎和栖息地的乱砍滥伐加剧了倭河马数量的下降。

蓝鲸
Balaenoptera musculus
尽管有保护措施，但直接捕捞和非法狩猎在19世纪后半叶和20世纪前半叶仍是蓝鲸面临的最大威胁。尽管现在蓝鲸的数量在增长，但依然被列为濒危动物。

在本卷

一些卵生哺乳动物、有袋类动物和食虫动物也面临着灭绝的危险。栖息地引进的掠食动物，比如狐狸和斑猫是袋食蚁兽等物种的威胁因素之一。森林地区变成耕地对麝鼩和长吻针鼹等物种造成影响。根据世界自然保护联盟的分类，长吻针鼹属于极危物种。

单孔目动物及有袋目动物

这两种分布范围较小的哺乳动物，在繁殖和生长方式上和有胎盘类动物有所不同。单孔目动物产卵，有袋目产下发育不太成熟的幼崽。在接下来的内容里我们将介绍针鼹、鸭嘴兽、树袋熊、袋鼠、袋狸、袋鼬、沙袋鼠和毛鼻袋熊。

卵生哺乳动物

门：脊索动物门
纲：哺乳纲
目：单孔目
科：2
种：5

单孔目动物和其他哺乳动物相比，有很大的不同：它们是唯一产卵而不是产崽的哺乳动物。这一群体中包括鸭嘴兽和针鼹。和爬行动物有些相似，比如有些骨头交叉。但和其他哺乳动物一样，也是恒温动物，全身被毛。尽管没有乳头，但也利用乳腺喂养幼崽。

Tachyglossus aculeatus

短吻针鼹

体长：35~53 厘米
尾长：9 厘米
体重：2.5~7 千克
社会单位：独居
保护状况：无危
分布范围：澳大利亚大陆、塔斯马尼亚和新几内亚岛

也被称作普通针鼹，这种卵生哺乳动物全身被短毛和长刺覆盖。能够适应多种环境并生存下来（从半干旱地区到山地）。大部分时间在洞穴和地下通道里度过。小小的眼睛位于短吻根部，嘴巴位于相反的方向。嘴巴的开口很窄。根据不同的亚种和所在地，雌性或雄性可能会更大一些。用它又细又长又黏的舌头捕捉蚂蚁和白蚁为食。也可以用它的腿和强大的爪子扒开蚁巢。在交配期，短吻针鼹散发出强烈的气味；几只雄性会相互竞争直到只剩下一个胜利者，然后和争抢过来的雌性交配。怀孕之后，雌性只能产下 1 枚卵，然后在育儿袋里孵卵，直到幼崽浑身长满刺。

防卫的刺
遇到危险，它会在地面上垂直刨洞，直至天敌只能看到短吻针鼹身上的刺。如果地面过于坚硬，就蜷缩成球来防御。

鼻子的长度可以达到脑袋长度的一半。鼻孔相对较大。

Zaglossus bruijni

长吻针鼹

体长：80 厘米
尾长：无
体重：5~10 千克
社会单位：独居
保护状况：极危
分布范围：新几内亚岛

长吻针鼹体形比短吻针鼹大，身上也有很多毛，但刺很少。前肢比后肢更强壮。用前肢挖洞来寻找蚯蚓。蚯蚓是它最主要的食物。如果蚯蚓较少，也会吃白蚁和其他昆虫的幼虫。长长的舌头上有乳突和小刺，方便抓取猎物，也弥补了没有牙齿的不足。鼻子是头部的延伸，占头部大小的 2/3。

保护状况

由于狩猎和栖息地的减少，近几年长吻针鼹的数量下降了80%。

解剖

它们的共同特征是短腿、短尾巴、小眼睛、小耳朵或者没有耳朵。消化、泌尿和生殖都在同一个腔内，这个腔被称为泄殖腔，腔上有一个排泄孔，单孔目由此而得名。单孔目动物是两类有毒动物中的一类。从产下软壳的卵到孵化大概需要 10 天的时间。针鼹把卵放在雌性的育儿袋中。鸭嘴兽在春天交配，一只雌性鸭嘴兽产下的卵多达3枚。针鼹冬天交配，一只雌性针鼹只产下 1 枚卵。

饮食

鸭嘴兽主要吃甲壳虫和这些昆虫的幼虫。它靠触觉敏感的鸭嘴来获取食物。成年鸭嘴兽没有牙齿，用嘴内的角质板或牙龈咀嚼食物；短吻针鼹以蚂蚁、白蚁和蚯蚓为食，它可以用爪子找到食物；长吻针鼹几乎只吃蚯蚓。单孔目动物的幼崽以母乳为食，这是哺乳动物的特征之一。鸭嘴兽的幼崽吃母乳 3~4 个月，针鼹则是 6 个月。

分布

卵生哺乳动物有 3 属和 5 种。分布在澳大利亚大陆、新几内亚岛和塔斯马尼亚。针鼹生活在不同的栖息地：短吻针鼹生活在多岩石、多林和多沙地区，分布在澳大利亚的东部海岸和新几内亚岛的中部和东部地区；长吻针鼹只生活在新几内亚岛。鸭嘴兽居住在多个栖息地的淡水源头地区，比如塔斯马尼亚寒冷的山区、澳大利亚东部海岸的热带雨林地区，它一生中的大部分时间是在水中度过的。

Ornithorhynchus anatinus

鸭嘴兽

体长：30~45 厘米
尾长：10~15 厘米
体重：0.5~2 千克
社会单位：独居
保护状况：无危
分布范围：澳大利亚东部、塔斯马尼亚、袋鼠岛和国王岛

因其外表，鸭嘴兽成为现存哺乳动物中最为奇特的动物。有鸭子的嘴，海狸的尾巴以及鼹鼠的皮毛。是半水栖动物，因此，它的四肢既适应水中生活又适应陆地生活。鸭嘴兽在夜间活动。尽管它的嗅觉感应器要比大部分哺乳动物小，但其在水中的嗅觉能力有利于它寻找食物。它们把从水中捕到的食物藏到腮里。主要在水中捕食昆虫的幼虫，当储存了足够的食物或捕捉到一个大型的猎物时，就会浮上来大快朵颐。鸭嘴兽一天中的大部分时间都用来寻找食物，因为它每天要摄入自身体重 20% 的食物。

鸭嘴兽一年中的大部分时间是独居的，只在每年的 3 个交配期才成对生活在一起。与在育儿袋或育儿囊中孵卵的针鼹不同，雌性鸭嘴兽会挖一个用来放卵的洞穴。一般会产下 2 枚卵。经过两个星期的孵化，小鸭嘴兽诞生，开始进入哺乳期：雌性没有乳头，幼兽直接吸食雌性腹部毛孔里分泌的乳汁。

大约 4 个月后，幼兽开始自己觅食，以蚂蚁和其他无脊椎动物为食。在野外，可以活 20 年左右。

陆生

尽管一天中大部分时间在水中度过，但它住在一个靠近岸边的洞穴里。

游泳健将

潜游时，鸭嘴兽会合上沟纹，沟纹处有它的眼睛和耳朵。用前肢发力，用后肢和尾巴控制方向。

敏感的喙

像扫描器或接收器，能察觉到猎物的活动。

可折叠的蹼

它的脚上有薄膜似的蹼，游泳或潜泳时展开，在陆上行走或挖洞时把蹼合上。

毒刺

雄性和雌性鸭嘴兽的脚踝部都有刺，但只有雄性能释放出毒液。尽管它们主要用毒液削弱对手，但这对小型动物来说是致命的。

有袋目动物

最初它们被认为是同一目的动物，现在把它们分成有袋下纲中的 7 个目。袋鼠和树袋熊是这一多样群体中最有名的动物。和有胎盘类动物最大的区别在于它们的繁殖系统：有胎盘类动物的胎儿在胎盘里已经发育得比较成熟，而有袋目胎儿出生较早，大部分情况下，在育儿袋或育儿囊中度过较长的哺乳期来继续发育生长。

门：脊索动物门
纲：哺乳纲
亚纲：兽亚纲
下纲：有袋下纲
目：7
种：292

离开育儿袋之后
断奶之后，幼崽还要和母亲共同生活几个月。

雌性的繁殖系统
有2 个卵巢，2 个子宫，每一个都有自己的阴道。通过一个分开的中心通道产下幼兽。

共同特征

有袋目动物群中包括各种各样的动物，比如袋鼠、负鼠、袋熊和袋狸。尽管解剖学特征不同，但它们都没有胎盘。大眼睛、长耳朵，大部分动物的后肢长。颌骨上的切牙比有胎盘类动物多，头部相对较小，体温较低，代谢较慢。有袋目动物产下幼崽，也有喂养幼崽的乳头，这和除了单孔目之外的其他哺乳动物一样。幼崽出生时几乎还是胚胎，通常不到雌性体重的 1%。在母体腹部之外靠吸食乳汁来继续发育。大部分有袋类动物有一个袋，这个袋被称为育儿袋，用来携带刚出生的幼兽直到它们发育成熟。

起源和多样化

尽管在其他大陆也发现了有袋目动物的化石，但其在冈瓦纳大陆取得了独特的发展。后来由于大陆分离，南美洲在近 6000 万年间，和其他地区保持隔绝状态。大约 300 万年前，中美洲大陆桥形成，有胎盘类物种进入南美洲，造成了南美洲很多有袋目和这一地区特有的其他目哺乳动物的消失。而大洋洲的隔绝状态保持到了今天，因此，这一大陆的有袋目动物占据着其他地区有胎盘类动物所占据的地位。

南猊，生活在智利和阿根廷巴塔哥尼亚丛林，是微兽目唯一现存的成员。遗传研究表明，与南美洲的有袋目相比，南猊更接近于澳大利亚的有袋目。这和南极洲有袋目动物化石的发现共同支持了在大约 8000 万年前这一物种生活在同一片大陆的理论。

运动方式

有袋目动物发展进化了多种运动方式。树袋熊和负鼠会攀爬，袋鼠和沙袋鼠用后肢蹦跳，跳时用到作为四肢延长部分的长长的中趾。袋鼠、负鼠、袋熊、树袋熊和袋狸是并趾动物：后足的第二趾和第三趾连在一起，但是有 2 个爪子。一些负鼠爪间有薄膜，以此可以从一棵树滑翔到另一棵树上。生活在南美洲热带雨林中的蹼足负鼠，爪间有蹼，可以在水中灵活地游泳和潜游。

Didelphis virginiana

北美负鼠

体长：33~50 厘米
尾长：25~54 厘米
体重：2~5.5 千克
社会单位：独居
保护状况：低危
分布范围：美国西部、中部和东部，墨西哥以及中美洲

杂食性有袋目动物，主要以果实、昆虫、小型脊椎动物、卵和腐肉为食。夜间活动，独居，虽然也是攀缘能手和游泳健将，但大部分时间生活在陆地上。皮毛的颜色会在灰色、红色、咖啡色及黑色之间变化。尾巴长，用来抓东西，尾巴上无毛或只有少量的毛。雌性要比雄性小一些，尽管只有13个乳头，但一窝可以产下18只小负鼠。幸存下来的负鼠要哺乳50天，70天的时候离开育儿袋。当遇到威胁时，它们的防御手段就是装死：蜷缩着身子，一动不动，对外界刺激毫无反应，它们能保持这一姿势长达6个小时；甚至从肛门排出恶臭的液体，使掠食者不能靠近。主要居住在森林里水源附近，在城市地区也能见到它们在垃圾堆里翻寻食物残渣的身影。

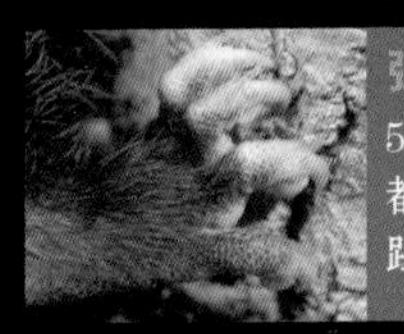

强有力的爪子
5个脚趾，每个上面都有爪。后肢的脚趾几乎是垂直的。

Didelphis marsupialis

黑耳负鼠

体长：26~45 厘米
尾长：25.5~53.5 厘米
体重：4~5.8 千克
社会单位：独居
保护状况：无危
分布范围：中美洲、南美洲中部和北部

为夜间活动动物，食物主要包括果实、蚯蚓、昆虫、两栖动物甚至蛇。和北美负鼠不同，它们防御的时候不会装死，而是采取张着大嘴的凶恶姿势，会袭击并咬住侵略者。

Philander opossum

灰林负鼠

体长：25~35 厘米
尾长：25~35 厘米
体重：450 克
社会单位：独居
保护状况：无危
分布范围：中美洲、南美洲直至阿根廷东北部的雨林地区

夜间活动，独居，不仅能栖于树上，也在陆地上活动，还是“游泳健将”。杂食性动物。脊背的毛呈淡灰色，腹部毛则是浅黄色。有长长的善于抓握的尾巴。生活在热带和温带的森林里。

Marmosa murina

林氏鼠负鼠

体长：11~14.5 厘米
尾长：13.5~21 厘米
体重：40~60 克
社会单位：独居
保护状况：无危
分布范围：南美洲北部和中部

毛短且光滑，尾巴长长的，用于抓握。生活在地面和植被层下面，很多时候栖居在热带雨林的路边和其他被改变的环境中。攀登速度快而敏捷。它们的食物包括昆虫、蜘蛛、蜥蜴、鸟类的卵及一些果实。

Caluromys philander

南美毛负鼠

体长：16~28 厘米
尾长：25~41 厘米
体重：1.4~3.9 千克
社会单位：独居
保护状况：无危
分布范围：南美洲和中美洲

也被称作负鼠或裸尾毛鼬。大部分时间在树上度过。毛色发红，头部的毛是灰色的，从嘴巴到前额有一条黑纹。以无脊椎动物和小型脊椎动物及花蜜、果实为食。为了获取食物，借助善于抓握的尾巴，能爬到最高的树枝上。

Dasyurus viverrinus

东袋鼬

体长：35~45 厘米
尾长：21~30 厘米
体重：0.6~1.6 千克
社会单位：独居
保护状况：近危
分布范围：塔斯马尼亚

澳洲本土动物，现在或许只幸存于塔斯马尼亚。瘦长、敏捷，是这一属中体形最大的一种。雄性比雌性重 50%。毛色呈棕色或黑色，除了尾巴外，身上有白色斑点。主要以昆虫、小型脊椎动物、果实和腐肉为食。生活在热带雨林、森林、灌木丛和牧草茂盛的地方。在夜晚捕食、活动。雌性可生下 24 只幼崽，但由于只有 6~8 个乳头，所以一窝只能存活 6~8 只。幼崽在育儿袋里生活 8 周，在这之后当母亲出去找食物时，它们就待在窝里，等母亲回来喂它们。

Sminthopsis crassicaudata

脂尾袋鼩

体长：6~11 厘米
尾长：5~12 厘米
体重：10~20 克
社会单位：独居
保护状况：无危
分布范围：澳大利亚

生活在森林里、灌木丛中及牧草茂盛的地方。以蚯蚓、昆虫及其他小型脊椎动物为食。在夜间捕猎。是体形最小的有袋目动物之一。有一条粗粗的尾巴，可以在里面储存脂肪。只要自然环境允许，雌性可以在 6 个月内不断生产。妊娠期在 13~16 天之间，一窝可以生下多达 10 只小袋鼩。幼兽在母亲育儿袋里生活大约 37 天，在 65~69 天之后，分散到出生地的各处。

Dasyuroides byrnei

鬃尾袋鼬

体长：13.5~18 厘米
尾长：11~14 厘米
体重：70~150 克
社会单位：独居
保护状况：易危
分布范围：澳大利亚中部

也被称作脊尾袋鼠。毛浓密发黑。藏身在用自己尿液、粪便、腺体分泌物的气味做标记的洞穴里。是食肉动物，捕捉大型猎物，比如蜥蜴、鸟和啮齿目动物。用前爪抓住猎物，然后咬死它们。通过牙齿打战声、口哨声和尾巴的摆动进行交流。

Dasycercus cristicauda

脊尾袋鼬

体长：12~22 厘米
尾长：7~13 厘米
体重：60~170 克
社会单位：独居
保护状况：无危
分布范围：澳大利亚西部和中部

脊背的毛呈棕色，腹部的毛近似白色。尾巴又粗又肥，尾尖有一撮黑色的毛。脊尾袋鼬住在简易的洞穴中，有时有好几个通道和入口。生活在干旱地区的牧草中。夜间捕猎小的啮齿目动物、蜥蜴、鸟、昆虫和蜈蚣。在 30 天的怀孕期后，雌性可以产下 6~8 只小袋鼬。

Neophascogale lorentzii

长爪袋鼬

体长：16~23 厘米
尾长：17~22 厘米
体重：200~250 克
社会单位：独居
保护状况：无危
分布范围：新几内亚岛

白天挖洞找蚯蚓、蠕虫和其他猎物。每只脚上都有长长的爪子，它们的名字就源于此。用爪子来获取食物。毛是深灰色或浅灰色，中间夹杂着长长的亮色的毛，耳朵后面的毛完全是白色的。在海拔 1500~3400 米高的森林里可以看到它们的身影，主要生活在树上。雌性一窝可产多达 4 只小袋鼬。

Sarcophilus harrisii

袋獾

体长：52~80 厘米
尾长：23~30 厘米
体重：4~12 千克
社会单位：独居
保护状况：濒危
分布范围：塔斯马尼亚

有突出的犬齿，用犬齿撕咬猎物的皮，咬碎猎物的软骨和骨头。

黑暗中，当在草丛中翻寻的时候，胡须有助于侦察到猎物的存在。

指头的数量

前爪上有5个指头，后爪上有4个。

是有袋目最大的食肉动物，因其力量而与众不同，能捕捉到各种体形的猎物，从昆虫、蛇到负鼠。在受到威胁时，以及在和同伴争抢腐肉时，会发出刺耳的咝咝声和叫声。散发出刺激气味，嗅觉异常灵敏。袋獾栖居在岩石或树根中挖的洞穴中，在夜间活动。雌性的妊娠期为 1 个月，用育儿袋中的 4 个乳头哺养幼兽。

Dasyurus hallucatus

澳洲袋鼬

体长：24~35 厘米
尾长：21~31 厘米
体重：300~900 克
社会单位：独居
保护状况：濒危
分布范围：澳大利亚北部

夜间活动，活动范围主要在陆地上，栖息在多岩石地区及桉树林里。通常在树洞里或废弃的建筑物里筑巢。捕食大型啮齿目动物和其他有袋动物、爬行动物及无脊椎动物。雌性没有育儿袋，但是能长出皮肤褶皱用来放幼崽：一年多达 8 只。

Planigale maculata

侏袋鼬

体长：7~10 厘米
尾长：6~9 厘米
体重：11~15 克
社会单位：独居
保护状况：低危
分布范围：澳大利亚北部和东部

生活在大草原、牧草茂盛的地方、森林里和雨林中。以昆虫、蜘蛛和小型爬行动物为食。灰色或肉桂色的毛覆盖全身，尾巴上的毛分散且稀疏。妊娠期为 20 天，根据雌性乳头的数量，可以生下 5~11 只小袋鼬。幼崽在育儿袋中生活 1 个月，哺乳期长达 290 天，这要比相似种类的动物长一些。

Myrmecobius fasciatus

袋食蚁兽

体长：17~28 厘米
尾长：13~21 厘米
体重：300~600 克
社会单位：独居
保护状况：濒危
分布范围：澳大利亚西南部

也被称作条纹食蚁兽，生活在桉树林和开放的牧场。嘴巴小，有一条又长又黏的舌头。在用长长的爪子挖开蚁穴之后，用舌头捕食白蚁和蚂蚁。有 52 颗小小的不对称的牙齿，这比任何一个陆生哺乳动物的牙齿都多。它们的头相对较大。独居动物，不和同性同伴共享领土。和其他澳洲有袋目不同，它们在白天活动，寻找食物。活动敏捷，能灵活地在树上攀爬。妊娠期为 14 天。雌性一年生产一次，一次产下 2~4 只幼崽。没有育儿袋：前 4 个月幼崽紧贴着乳头，母兽用长长的毛保护它们。之后在窝里再哺乳 2~3 个月。

保护

据估计，全世界只有不到1000 只袋食蚁兽。在它们的栖息地引进的赤狐是它们最主要的威胁。

Vombatus ursinus

袋熊

体长：70~120 厘米
尾长：2~3 厘米
体重：25~40 千克
社会单位：独居
保护状况：无危
分布范围：澳大利亚东部、塔斯马尼亚

角状的宽大的脑袋，健壮的身体，带爪子的短短的四肢，袋熊是“挖洞专家”：它的洞穴通常只有一个入口，但在地下有很多分支，分支长度可达 200 米。是独居动物，成年雄性会追赶入侵者，把它们逐出自己的领地。袋熊在小溪边和山谷上的山丘安家，冬天有长时间躺着晒太阳的习惯。它的鼻子和熊很像，上面没有毛。皮肤粗厚密实，毛是带有浅灰的棕色。小眼睛、圆耳朵、短尾巴。以牧草、草根、块茎为食，主要在夜间进食。雌性通常只能产下 1 只幼崽（妊娠期大约为 20 天）。幼崽在育儿袋中生活6~7个月，在之后的90天内，有时候还会回到育儿袋中。随后，继续吃奶直到 15 个月大。

Lasiorhinus krefftii

昆士兰毛鼻袋熊

体长：102~107 厘米
尾长：2.5~6 厘米
体重：25~40 千克
社会单位：独居
保护状况：极危
分布范围：澳大利亚

健壮有力，大脑袋，小眼睛，尖耳朵。视力不佳，但是听觉和嗅觉敏锐。会建造错综复杂的地道和洞穴。食草动物，吃不同的牧草。雌性一年产 1 只幼崽，在随后的 6 个月把它放在育儿袋里。

Echymipera kalubu

刺袋狸

体长：20~38 厘米
尾长：5~12.5 厘米
体重：0.5~1.5 千克
社会单位：独居
保护状况：无危
分布范围：新几内亚岛及周围的岛屿

白天躲在洞中，夜晚觅食。食物包括果实、浆果及其他植物。比其他袋狸的嘴巴长，毛发坚硬厚实，尾巴光滑无毛。在同类竞争者面前会有攻击性。妊娠期为 120 天。

Perameles nasuta

长鼻袋狸

体长：31~42 厘米
尾长：12~15 厘米
体重：1~1.5 千克
社会单位：独居
保护状况：无危
分布范围：澳大利亚东部

是同属中体形最大的袋狸。和其他袋狸相比，毛发颜色的变化少。独居，夜晚进食，食物为无脊椎动物和植物块茎。善挖洞，把长鼻子插进洞中获取食物。生活在热带雨林潮湿或干燥的森林中。雌性妊娠期短（12 天），一次产下 1~4 只小袋狸。

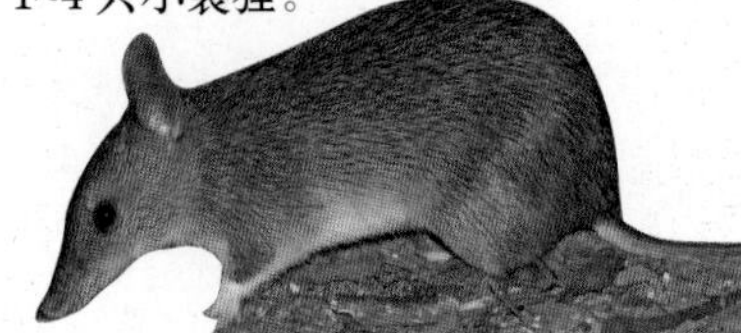

Macrotis lagotis

兔耳袋狸

体长：30~55 厘米
尾长：20~29 厘米
体重：1~2.5 千克
社会单位：成对
保护状况：易危
分布范围：澳大利亚西部和中部

突出的兔耳朵是它最显著的特征。长长的后肢上有 3 种颜色。白天挖大大的洞穴，把自己藏在洞里。是杂食动物。生活在干旱地区，比如沙漠、沙丘和牧草茂盛的地方。独居，但有时候会和雌性生活在一起。嗅觉异常灵敏，听觉异常敏锐。在 2 周的妊娠期后，雌性生下 2 只幼崽，幼崽在育儿袋中生活 80 天。

Dactylopsila trivirgata

纹袋貂

体长：24~28 厘米
尾长：31~39 厘米
体重：470 克
社会单位：独居
保护状况：无危
分布范围：澳大利亚东北部和新几内亚岛

身上有白色和黑色的条纹，浓密的黑色尾巴，尾尖是白色的。生殖腺会散发出一种刺激性的恶臭。在树枝上吃蠕虫、蚂蚁和白蚁。用前肢上的爪子在木头上挖洞，获取食物。为树栖动物，生活在多雨的森林里。

Lasiorhinus latifrons

毛鼻袋熊

体长：77~95 厘米
尾长：3~6 厘米
体重：19~32 千克
社会单位：群居
保护状况：无危
分布范围：澳大利亚南部

是袋熊中最具社会性的：5~10 只成群生活在一起。住在错综复杂的洞穴里，洞穴的长度可达 30 米。夜间活动，食物主要为牧草、杂草和草根。它的名字来自像丝绸一样的皮毛，毛发为棕色和灰色。雄性健壮，在同类面前具有攻击性。雌性妊娠期为 21 天，幼崽在育儿袋中生活 8 个月，哺乳期为 15 个月。

Petaurus norfolcensis

鼠袋鼯

体长：18~23 厘米
尾长：22~30 厘米
体重：200~300 克
社会单位：群居
保护状况：无危
分布范围：澳大利亚东部

一层带毛的膜把前肢的第五趾和后肢连起来。展开这层膜，鼠袋鼯能从一棵树上滑翔到另一棵树上抓住猎物。它能滑翔 50 米。长长的尾巴上有柔软的皮肤，和松鼠的很像。尾巴具有和方向舵一样的作用。脊背的毛呈浅灰色，中间有一道黑毛。是杂食动物，以昆虫（尤其是甲虫和毛虫）和在树上找到的小生物为食，还吃草汁、花粉和种子。夜间活动，生活在树洞的窝里，洞口盖着树叶。群居，一个群里有 1 只雄性和 1~3 只雌性以及它们的幼崽。通过鼻子发出的汩汩声和咕噜声进行交流。在不到 3 周的妊娠期之后，雌性产下 1~2 只幼崽。幼崽在育儿袋里生活 3 个月，再过 1 个月后断奶。幼崽在大约 85 天的时候睁开眼睛，大约 110 天的时候开始和母亲一起出去找食物。

Petauroides volans

大袋鼯

体长：35~48 厘米
尾长：45~60 厘米
体重：0.9~1.5 千克
社会单位：成对
保护状况：无危
分布范围：澳大利亚东部

是最大的有袋类滑翔动物。尾巴就像方向舵，大眼睛，向前伸出的大耳朵使它能精确地计算树与树、树与地面之间的距离。吃桉树的叶子。在为期 6 周的妊娠期之后，只生下 1 只幼崽。幼崽在育儿袋里生活 6 个月。在繁殖期，雄性和雌性生活在同一个窝里。有些雄性是一夫一妻，另一些则是一夫多妻。

Spilocuscus maculatus

斑袋貂

体长：35~45 厘米
尾长：32~43 厘米
体重：2~4 千克
社会单位：独居
保护状况：无危
分布范围：新几内亚岛及附近岛屿

斑袋貂夜间活动，生性害羞，很少能见到它们。它们不住在窝里，也不住在洞穴里，通常情况下，会用树叶搭建一个用来睡觉的小平台。白天在树干或树根的洞中或岩石洞中打盹。它们的头是圆的，小眼睛隐藏在毛下面。食物主要为树叶、花朵、小动物和卵。几乎只在树上生活，善于攀缘，行动缓慢，悄无声息。甚至交配的时候也在高高的树上。雌性的妊娠期大约是 13 天，随后产下 2~3 只幼崽。幼崽出生时重约 1 克，在育儿袋中生活 6~7 个月。

保卫领地

雄性在同类面前有侵略性，不容许其他斑袋貂出现在它的领地上。用腺体分泌的麝香标记领地，在树根和树枝上吐口水。这种警告的做法使它远离其他雄性，即潜在的竞争对手。发出叫声、嘘声和咕噜声，面对敌人时，会抓、咬、打。它的主要敌人是蟒蛇和猛禽。

性别不同，颜色不同
雄性和雌性的差别如此之大，以至于以前认为它们属于不同的种：雌性是白色或灰色的，雄性是褐色或灰色带有斑点。也有白色的雄性。颜色随着年龄而变化。

Pseudocheirus peregrinus

奇卷尾袋貂

体长：30~35 厘米
尾长：30~35 厘米
体重：700~1100 克
社会单位：群居
保护状况：无危
分布范围：澳大利亚东部和塔斯马尼亚

有袋类食草动物，夜间活动。食物主要为桉树叶、花朵、花蜜和果实。毛发为微红或者是棕灰色，并延伸到尾巴根部。尾巴是双色的，可以盘卷。尾巴可以用来攀缘，或者卷筑巢用的草和树叶。巢是所有家庭成员共同建造的。后脚是并趾的，这一特征也有助于攀缘。幼崽出生时身上无毛，在育儿袋中继续成长发育 4 个月。母亲把它们驮在背上直到 6 个月大。雄性会帮助养育幼崽，这种行为在鼬属动物中是独一无二的。小群体生活，群体里一般有 1 只雄性、1~2 只雌性，以及上一胎的幼崽。

Trichosurus vulpecula

刷尾负鼠

体长：32~58 厘米
尾长：24~35 厘米
体重：1.5~4.5 千克
社会单位：独居
保护状况：无危
分布范围：澳大利亚大陆和塔斯马尼亚

夜间活动。居住在树的裂缝或孔洞里。能够敏捷地跳跃和攀爬。吃叶子、花朵和果实。毛色在灰色、棕色、黑色、白色和乳白色之间变化。尾巴可以抓握。有强大的弯曲的爪子，后肢的第一个脚趾和其他的脚趾是相对的。发出尖叫声和咕噜声。胸部有腺体，用来标记领土。雌性一般产 1 只幼崽。幼崽在育儿袋里生活 5 个月。

Spilocuscus rufoniger

卷尾斑袋貂

体长：70 厘米
尾长：50 厘米
体重：6.5 千克
社会单位：独居
保护状况：极危
分布范围：印度尼西亚、新几内亚岛北部

毛色从黑到红不等，短吻，耳朵隐藏起来；眼睛大，适应夜间的生活。用前肢弯曲的爪子和能盘卷的尾巴进行攀爬。独居，在同类面前有攻击性。雌性比雄性体形大，一年可以产下 1~2 只幼崽。幼崽在育儿袋里生活 8 个月。成熟之前，幼崽的毛色一直在变化。

保护状况

当地居民捕捉卷尾斑袋貂是为了食用，也有文化的原因。捕杀及栖息地转化为农业用途是对它们最大的威胁。近几年来，卷尾斑袋貂的数量减少了80%以上。

pseudochirops archeri

绿环尾袋貂

体长：28~38 厘米
尾长：33 厘米
体重：670~1350 克
社会单位：独居
保护状况：无危
分布范围：澳大利亚

生活在树上，极少数情况下会下到地上。毛上有黑色、黄色、白色的条纹，毛色发绿。有一条有力量的卷曲的尾巴，不用的时候就卷起来。它的脚趾是并趾的，前脚掌上的拇指与其他四趾相对。食物主要是树叶。尽管育儿袋中有 2 个乳头，但雌性一般只能产下 1 只幼崽。

Ailurops ursinus

苏岛袋猫

体长：60 厘米
尾长：60 厘米
体重：7 千克
社会单位：群居
保护状况：易危
分布范围：印度尼西亚

皮毛细密蓬松，有一道道粗毛。脸小，耳朵小且毛多。身体呈黑色、灰色或棕色，腹部和四肢的毛颜色较浅。尾巴能抓握。用尾巴和四肢从一棵树上移到另一棵树上。雌性一年产 1~2 只幼崽，幼崽在育儿袋里生活 8 个月。组成小群体生活，每个群体中有 3~4 个成员。

Phascolarctos cinereus

树袋熊

体长：65~82 厘米
尾长：1~2 厘米
体重：4~15 千克
社会单位：独居
保护状况：无危
分布范围：澳大利亚

熊的脸

脸长且宽，嘴巴上覆盖着柔软的黑毛。

不管雄性还是雌性树袋熊的毛都很浓密，呈灰色或棕色。下巴、胸部、四肢内侧的毛为白色。雄性比雌性个体大，脸更宽；胸部有香腺，能分泌一种香味，用这种香味给领地里的树木做标记。

行为

和它的饮食类型一致，树袋熊不需要太多的能量。行动缓慢，一天中有 3/4 的时间都在睡觉。除了交配期外，几乎不进行社交活动。

繁殖

在繁殖期会发出吼叫声。性交时间短，期间又挠又咬。妊娠期为 35 天，雌性产 1 只幼崽。在育儿袋中哺乳 6 个月。之后，母亲把幼崽抱在胸前。

趴在背上的幼崽

当幼崽长得太大不能抱在胸前，且还没独立时，外出活动时就趴在母亲背上。

树枝上的活动

桉树林是树袋熊的栖息地。每只树袋熊定期到同一区域的树上，这些树就是它的领地。在有些地方，它的领地和其他树袋熊的领地相互交叉。这些树袋熊之间会有来往，特别是在交配期。一年中的其他时间都是独居，一天中的大部分时间都是在树上睡觉。为了从一棵树上移到另一棵树上，它可以悬挂在树枝上；有时候，先下到地面上，然后再爬到树上。

又厚又软的毛

有一身浓密柔软的厚厚的毛层。毛能防水，保护它们不受气温升高或下降的影响。

软骨坐垫

在它脊椎的末端有一个软骨坐垫。这个区域被浓密的毛覆盖，作用就像坐垫一样，使坐在树枝上的树袋熊感觉很舒服。

腿和爪子

特别适合攀爬，用来抓住树干和树枝。树袋熊的前肢和后肢长度几乎相同。因为前肢特别长，这一特征有利于它的活动。

前腿

两个指头的功能和相对的拇指差不多。树袋熊在树干上留下的明显的平行的抓痕，就是这个原因。

锋利的长爪可以扎进树里以保持平衡

后腿

有一个指头和其他脚趾相对，这个指头上没有爪，可以紧紧抓住树枝。第二趾和第三趾连在一起，形成一个有两个爪的指头，用来清洁身体。

粗糙的防滑垫

展望未来

多种威胁对树袋熊造成很大的影响：火灾、狗的攻击、桉树的砍伐。但是现在还为时不晚：如果加强防范措施，澳大利亚的标志性动物就会很安全。

每次澳大利亚发生森林火灾，这个场景就会一次次上演：消防员从火海中出来，手里抱着受伤的树袋熊。很多被救的树袋熊会被送到兽医院接受治疗，之后存活下来；另一些则不能幸存。在法律措施的保护下，树袋熊依然受到很多威胁。火灾、持续增长的城市化、车祸和狗的袭击是最主要的因素。动物保护主义者和基金会认为：如果现在不采取更多的措施，在不久的将来，树袋熊就可能会灭绝。

树袋熊非常挑食：在澳大利亚600多种桉树中，它们只吃大约50种桉树的叶子。虽有法律措施的保护，但树袋熊生活的桉树林将不复存在。砍伐森林给不断扩大的城镇腾地方，森林火灾、乱砍滥伐使得它们的栖息地和生活环境不断缩小，食物的供应也在减少。此外，科学家指出，气候变化对桉树的影响也是一个严重的威胁。空气中二氧化碳的增加，减少了树叶中氮气和其他营养物质的含量，但增加了丹宁酸（一种天然毒素）。这一现象减少了树叶中蛋白质的含量，使得树袋熊（和其他动物）需要消耗大量的树叶。因此，它们的食物链的平衡很脆弱。桉树林最细微的变化都会对树袋熊的生存造成严重的影响。

▶ 象征物

对于一些土著居民来说，树袋熊是一种图腾或者是能控制水的化身。随着时间的推移，树袋熊变成了澳大利亚的象征。

随着欧洲人的到来，树袋熊的象征作用开始减弱。1788 年，当澳大利亚沦为殖民地时，有 700 万 ~1000 万只树袋熊生活在此地。火灾、疾病（比如衣原体病）、家养猫狗变成野猫和野狗之后对它的攻击、在道路和公路上造成的死亡、栖息地的破坏和贸易使得树袋熊的数量逐渐减少。在 19 世纪 20 年代，人们为了售卖皮毛，使大约 300 万只的树袋熊惨遭捕杀。在昆士兰，直到 1927 年，这种捕杀活动不仅是被允许的甚至还受到鼓励。买卖带来了巨额的利润。由于被及时制止，捕杀和买卖没有对树袋熊的状况造成长期的影响，但是其他威胁因素依然存在。

为遏制这些风险，一些人做了一些尝试。来自澳大利亚南部的一对夫妻——吉恩和马克斯·斯塔在 1973 年建立了一所树袋熊医院。这是全国唯一一所专门诊治树袋熊的机构。由象征性的收养和捐款来资助，每年诊疗 200~250 只树袋熊。然而更为复杂的手术是在澳大利亚动物园医院里实施的。例如，2010 年底，一个身上有 15 处枪伤的树袋熊宝宝，吸引了全民的关注。经过治疗和细心的照顾，它最终痊愈了。

类似树袋熊宝宝的事件重新激起了数十年来的争论：定义树袋熊的保护状况。在澳大利亚国内，政策的实施是分散的。在昆士兰，19 世纪 90 年代初期，澳大利亚树袋熊基金会开始了把树袋熊列为易危动物的斗争。但衡量标准直到 2004 年为了建设澳大利亚东南部的生态区才被具体化。衡量标准依据一个专家委员会提交的证据来确定。专家委员会提醒注意树袋熊的高死亡率以及栖息地的流失、分离和质量下降。在其他地区，树袋熊依然没有出现在濒危物种名单上。

▶ **生活的树木**
集中在澳大利亚海岸的桉树林中。树袋熊和人类竞争生存空间，尤其是在昆士兰。

不仅仅是政治争论，法规和控制措施的实施，以及实施措施可利用的预算都主要取决于对树袋熊状况的估计。营救、恢复栖息地，以及当树袋熊孤儿长大或受伤的树袋熊康复之后就放回栖息地的打算，不仅是复杂的技术难题，也需要耗费大量的资金。如果不解决这一问题，那些由于各种威胁而成为孤儿的树袋熊就会死去——没有母亲，也没有人类的照顾，它们不能生存下来。

从国际上来讲，由世界自然保护联盟编制的濒危物种红色名录是物种保护状况最全面的名录。这份名录每四年审查一次。在这份名录中，树袋熊的保护级别是无危。这个分类的依据是树袋熊在澳大利亚广泛的分布范围（澳大利亚6个州中的4个：昆士兰、新南威尔士州、维多利亚、南澳大利亚）和树袋熊的分布密度。同样，红色名录指出树袋熊受到令人担忧的因素的威胁。在1992年，这一联盟就列举了59种被视为受威胁的有袋类动物，其中50%被分为易危或濒危，剩下的50%被分为潜在的易危，树袋熊就在这一类中。直到2012年4月，澳大利亚环境部宣布，政府将把栖居在东部新南威尔士州、昆士兰州和首都直辖区的树袋熊列入濒危保护动物之列。

大约20年后，在澳大利亚生活的树袋熊的数量依然是个有争议的话题。最乐观的估计是当今大约有10万只树袋熊。基金会和当地组织坚持要实行更多的保护和控制规定。他们说树袋熊数量不超过8万只。最消极的估计是只剩下4.3万只。不管关于树袋熊数量的争论如何，但有一个事实：树袋熊的幸存取决于持续的长期的保护措施。

以保护为目的进行研究
人工饲养树袋熊进行研究以评估疫苗和治疗方法的效果。在这幅图中，抽血是试图了解一种呼吸疾病的措施。

Dendrolagus matschiei

赤树袋鼠

体长：55~63 厘米
尾长：55~63 厘米
体重：6~13 千克
社会单位：独居
保护状况：濒危
分布范围：巴布亚新几内亚

从一棵树跳到另一棵树上时，可以跳 9 米高。从树上下来时，背贴着树下来或者跳下来，用尾巴保持平衡。几乎只吃成熟的树叶。在发情期，雌性从树上下来，发出咔嚓声和沙沙声来寻找雄性。妊娠期是有袋类动物中最长的：39~45 天。在分娩前的 48 个小时，雌性会找一个隐蔽的地方。幼崽在育儿袋中生活 235 天。

红色和黄色
后背皮毛是栗色或棕色到红色，尾巴、腹部、耳朵、腿的皮毛是黄色的。

Lagorchestes hirsutus

蓬毛兔袋鼠

体长：31~39 厘米
尾长：24~30.5 厘米
体重：0.78~1.9 千克
社会单位：独居
保护状况：易危
分布范围：澳大利亚

外表整体看起来像兔子，但是后肢更长，身体更细长弯曲，长尾巴。雄性和雌性的特征是一样的，但雌性的体形更大一些。雌性通常一胎只产 1 只幼崽。幼崽在育儿袋里生活 124 天。一旦长大，母亲就不允许它们再回来，会攻击它们。这样，它们分散到各地，不相互竞争食物资源。

Thylogale stigmatica

红足丛袋鼠

体长：38~58 厘米
尾长：37~47 厘米
体重：2.7~7 千克
社会单位：独居
保护状况：无危
分布范围：澳大利亚、印度尼西亚和巴布亚新几内亚

在热带丛林，它们的皮毛通常是棕灰色的；在开阔的林地，它们的皮毛是淡米色的。头细长，尾巴短而结实，脸颊、大腿和前腿上有红色的毛，它们的名字也由此而来。尽管会成群聚集在果树周围，但通常是独居的。以树叶和种子为食。白天、晚上都会出来活动。在 30 天的妊娠期之后，雌性只能产下 1 只幼崽。

Setonix brachyurus

短尾矮袋鼠

体长：40~50 厘米
尾长：24.5~31 厘米
体重：2.7~4.2 千克
社会单位：群居
保护状况：易危
分布范围：澳大利亚西部

多植被地区是它们最喜欢的栖息地，但是在干旱地区也能生存。无毛的鼻子、圆耳朵、短尾巴。白天避开高温，晚上出来寻找食物。食物主要是各种牧草。尽管是陆生动物，但是也会爬树。为了获取食物，它们能爬到 1.5 米高。在 26 天的妊娠期后，雌性一次产下 1 只幼崽。以家庭为一个群体生活，群体由成年雄性统治，成年雄性有等级之分。

浓密粗糙的皮毛
短尾矮袋鼠全身被短短的浓密的毛覆盖，上部分颜色为深棕色，下面的毛色较浅。

后肢用来跳跃。和袋鼠不同，尾巴并不是第三个支撑点。

Dendrolagus dorianus

多丽树袋鼠

体长：51~78 厘米
尾长：44~66 厘米
体重：6.5~14.5 千克
社会单位：独居
保护状况：易危
分布范围：巴布亚新几内亚

大部分时间在树上度过。四肢结实粗壮，有爪子，尾巴长。在攀树的时候，尾巴可以保持身体平衡。和其他袋鼠不同，后腿可以分开单独活动。黑色的耳朵，尾巴上的毛色比其他部位浅。30 天的妊娠期之后，雌性产下唯一一只幼崽，在育儿袋中哺乳 10 个月。

独居，多丽树袋鼠晚上出来寻找食物：各种各样的叶子、花蕾、花朵和果实。

Petrogale penicillata

帚尾岩袋鼠

体长：50~60 厘米
尾长：50~70 厘米
体重：5~11 千克
社会单位：群居
保护状况：近危
分布范围：澳大利亚东南部

生活在岩壁上或开放的林地中。白天在裂缝或洞穴里休息；晚上吃青草、树叶和水果。后肢粗糙，可以减震，有良好的抓地力，利于其在岩石间跳跃。在 31 天的妊娠期之后，雌性产下 1 只幼崽，幼崽在育儿袋中生活 29 周。

Macropus giganteus

灰袋鼠

体长：1.5~1.8 米
尾长：75~100 厘米
体重：35~90 千克
社会单位：群居
保护状况：无危
分布范围：澳大利亚东部

栖息地多样，从森林到草原。皮毛为灰色，面部颜色要浅很多或者是白色的。雄性比雌性大 2~3 倍。跳跃着走路，每一次能跳 9 米。白天大部分时间在阴凉处度过，黄昏的时候四处寻找食物，主要以树叶、种子、谷物和果实为食。和同伴竞争之后，获胜的雄性和发情的雌性交配。当资源匮乏时，也会为食物或栖息地竞争。

季节性繁殖。繁殖期在春季或夏初。发情期持续 46 天，比妊娠期长 10 天。每胎产 1~2 只幼崽，幼崽在育儿袋中生活 11 个月。哺乳期还要再持续 9 个月。灰袋鼠以小群体生活。群体中有 1 个雄性首领、2~3 只雌性和它们的幼崽，还有 2~3 只青年雄性。

Macropus eugenii

尤金袋鼠

体长：52~68 厘米
尾长：33~45 厘米
体重：4~9.1 千克
社会单位：群居
保护状况：无危
分布范围：澳大利亚

生活在植被茂盛的灌木丛中。小脑袋，大耳朵。雄性比雌性个体大，腿更长，爪子更粗。背部皮毛为黄灰色，腿部为淡红色。尤金袋鼠非常具有社会性，成群寻找食物，有等级之分，雄性之间通过相互争斗来确定领导地位。在 25~28 天的妊娠期后，雌性一次只能产下 1 只幼崽。幼崽出生时，发育非常不完全，在母亲的育儿袋中生活 8~9 个月。

Potorous longipes

澳洲长鼻袋鼠

体长：38~42 厘米
尾长：31~33 厘米
体重：1.5~2 千克
社会单位：独居
保护状况：濒危
分布范围：澳大利亚东南部

独居，夜间活动，几乎只吃真菌类植物。用前爪扒土，寻找食物。当快速前进时，后肢用来跳跃和发力。雌性澳洲长鼻袋鼠妊娠期为 38 天，之后产下唯一一只幼崽，幼崽在育儿袋里生活 5 个月。

Bettongia penicillata

毛尾袋鼠

体长：30~38 厘米
尾长：29~36 厘米
体重：1~1.5 千克
社会单位：独居
保护状况：极危
分布范围：澳大利亚西南部

真菌类植物是它主要的食物，晚上刨土找真菌，白天待在一个圆顶状的窝里。窝是用树皮、树叶和青草建造的。毛尾袋鼠的尾巴几乎和身体一样长。尾巴上半部分有一个黑色的肉冠。

Caenolestes fuliginosus

烟色鼩负鼠

体长：9~13.5 厘米
尾长：9.3~12.7 厘米
体重：16.5~40.8 克
社会单位：独居或成对
保护状况：无危
分布范围：哥伦比亚、厄瓜多尔、委内瑞拉

生活在安第斯山脉北部，海拔 1500~4000 米的森林或草原。身上的皮毛有不同的纹理，因此看起来与众不同。毛柔软厚实，背部的毛从深棕到黑色，腹部的毛色较浅。长脑袋、小眼睛、耳朵藏在毛下；尾巴是黑色的，少毛，不能抓握。前腿的外面两只脚趾的爪子没有爪尖，里面的脚趾有弯曲的锋利的爪子。视力不好，但是听觉和嗅觉异常敏锐。主要在夜间活动，烟色鼩负鼠生活在位于植被之间的隧道里。食虫动物，但是也会吃小的脊椎动物和蚯蚓。

Hypsiprymnodon moschatus

麝袋鼠

体长：16~28 厘米
尾长：12~17 厘米
体重：375~675 克
社会单位：独居
保护状况：无危
分布范围：澳大利亚东北部

食物为无花果、坚果、种子和真菌。食物是它独自从不同地方收集来的。这是更格卢鼠属动物的特有的习惯。用四肢跳跃，后肢的大脚趾是支撑点。它喜爱的栖息地是稠密的热带森林。散发麝香味，特别是在繁殖期，这是这种动物的特征。通常情况下，雌性每胎产 2 只幼崽，幼崽在育儿袋中生活 21 周，随后还要在窝里继续喂养几周。

Notoryctes typhlops

袋鼹

体长：12~18 厘米
尾长：2~2.5 厘米
体重：40~70 克
社会单位：独居
保护状况：数据不足
分布范围：澳大利亚西南部

前肢上有 2 个爪子，像铲子一样，用来挖隧道，挖的隧道长度能达到 2.5 米。以在沙上游泳的方式前进，用坚硬的鼻子试探周围的土地，用后足的爪子把土翻起来，扒到身后。袋鼹的眼睛非常小，耳朵也小，隐藏在毛发中。毛的颜色是灰白色或者浅红褐色，毛非常柔软。雌性的育儿袋（一般有 1~2 只幼崽）位于身体的后半部分，可防止尘土进入。

大猎物
它们的食物有蠕虫、幼虫、蜈蚣甚至蜥蜴。相对它们的体形来说，这些都是大型猎物。用爪子捕捉猎物。

Dromiciops gliroides

南猊

体长：8.3~13 厘米
尾长：9~13.2 厘米
体重：16~42 克
保护状况：近危
分布范围：阿根廷和智利

栖息于温带和热带雨林茂密的竹林里。夜行树栖动物。爬树的时候用到部分善于抓握的尾巴。手指和脚趾的大拇指和其他四指相对。

通过发出声音（尖叫声和嗡嗡声）和同类交流。实际上它也被称为 *kodkod* 和 *colocolo*，这两个名称是模拟它的尖叫声而命名的。它的食物主要为昆虫、幼虫和蝶蛹。可以在树根和树皮的裂缝中找到食物。它也吃种子和果实。

在生产前，雌性会建造直径大约为 20 厘米的窝。窝离地面 3 米高。在 3~4 周的妊娠期之后，会产下 1~5 只幼崽，幼崽在育儿袋里哺乳 2 个月。一胎最多只能活下来 4 只幼崽，因为育儿袋中乳头的数量就是这些。幼崽离开育儿袋之后，还要依赖母亲几个月。对它构成最主要威胁的掠食者是猛禽（比如猫头鹰、雀鹰、红羽鹰）和哺乳动物（比如家猫、野猫、水貂和灰狐）。它的防御方法就是从皮肤腺中喷出一股恶臭，也会摆出一副吓人的姿势，张牙舞爪。南猊的一个灵活的适应性表现在当气候恶劣和食物匮乏时，它会进入长时间的冬眠。

储存能量
尾巴是冬眠时的能量储存器。

唯一一种
是目前微兽目的唯一代表，和大洋洲有袋类动物的关系比和南美洲有袋类的关系更近。

浓密的有斑点的皮毛
短而浓密，毛为棕灰色，背部的颜色比腹部的颜色更深，在肩部和髋部上有斑点。

黑眼圈
眼睛周围有一圈黑毛。这是南猊最显著的特征。

猴子的手
它的手以及善于抓握的尾巴——灵长类动物的特征，使它含糊地得到“小猴子”这一名称。

老鼠的耳朵
又小又圆。让南猊看起来和老鼠有点像。

Macropus rufus

红大袋鼠

体长：1~1.6 米
尾长：75~120 厘米
体重：25~90 千克
社会单位：群居
保护状况：无危
分布范围：澳大利亚

逃跑
用后肢跳跃，躲避危险。时速可达50 千米/时。

是现存有袋类动物中体形最大的。雄性可比雌性重 2 倍，雄性的毛为橙色；雌性的皮毛为蓝色，但是颜色会有变化。成对或组成群体生活。一个群中有多达 10 只个体。

分布和栖息地

大部分袋鼠生活在多树林地区、澳大利亚开阔的草原。它们的分布和种群数量绝对依赖水：如果缺少水，它们会迁移200千米去寻找水源。

食物

牧草嫩芽、草和树叶是它们的主要食物。通常在晚上进食，低下头吃树叶或啃牧草。进食时，仍保持警惕，以防掠食者（尤其是澳洲野犬）出现。

防御方法
用脚踢是它们主要的防御方法。但是在玩耍或打斗时，它们会站起来，使用拳击战术。

袋鼠的出生和幼崽

妊娠期在 12~38 天。妊娠期之后，产下幼崽。幼崽在母亲腹部爬来爬去，直到找到育儿袋中的乳房为止。在没长大到能够离开育儿袋之前，小袋鼠会抓住母亲的乳头不放。尽管仍需哺乳，但会慢慢地用草来代替乳汁。也会学着像父母那样跳着移动和跑步。

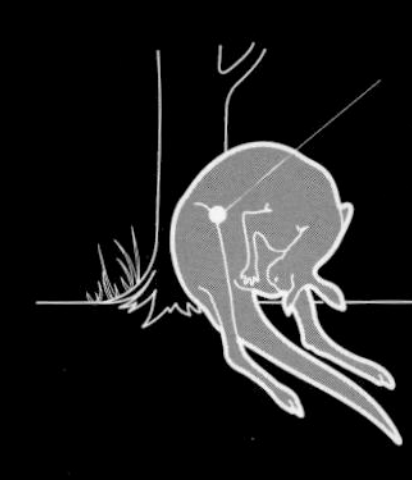

在育儿袋中还有一只幼崽的时候，雌性可以产下新幼崽。

1 铺平道路
当在为一只幼崽的出生做准备时，雌性袋鼠会舔毛，来建一条长约14 厘米的通道，幼崽会顺着这条通道爬到育儿袋的入口。育儿袋位于腹部上方。

小袋鼠要在3 分钟之内爬到育儿袋里，如果爬不到，就不能活下来。

2 一段马拉松长跑
小袋鼠出生时，身体发育很不成熟，体重不到5 克。看不到也听不到。只能移动前爪，在嗅觉的指引下，顺着母亲唾液的气味向上爬。

3 哺乳期
到达育儿袋之后，幼崽把嘴巴对着4 个乳头中的1 个。那时小袋鼠是红色的（因为身上没有毛），看起来非常脆弱，但是在接下来的4 个月内，它会不停地生长。在这4 个月内，它不会离开育儿袋。

乳头
随着幼崽一起长大，可达10 毫米长。之后会再次收缩。

两个子宫
雌性有2 个子宫，2 个阴道。

4 离开育儿袋
8 个月时，幼崽离开育儿袋，饮食中会加进草。会继续吃奶，受到母亲保护，直到18 个月大。

皮毛
和雄性不同，雌性红大袋鼠的毛色并不发红。
A后肢支撑，头先进入袋中。
B转一圈，就进入了袋中。
C当轮换着吃奶和外面的草时，小袋鼠把头伸出来吃草，这样就不需要离开育儿袋了。
育儿袋
雌性袋鼠身边总是有一只刚离开育儿袋的小袋鼠，一只还在袋内，一只胚胎正在腹中发育。

刺猬、鼹鼠及其他目动物

它们都是体形小、跑得快的物种。有些会挖洞，有些用身上的刺或者有毒的唾液进行防卫。有在树间滑翔的物种，也有跳着逃跑的物种。另外一些是攀缘能手。这一部分动物有刺猬、刺毛鼩猬、鼹鼠、沟齿鼠、马岛猬、象鼩、树鼩等。不同目的分类仍有争议。

刺猬和刺毛鼩猬

门：脊索动物门
纲：哺乳纲
目：猬形目
科：1
种：24

亚欧大陆和非洲的本土动物。这一目动物的特征很原始，长吻。刺猬以前和鼩鼱、鼹鼠分为一类。在它们身上能看到对夜晚活动这一习性的功能适应。16 种刺猬都有防卫的刺；刺毛鼩猬身上覆盖着普通的毛，尾巴长，毛少。它们是杂食性动物。

Erinaceus europaeus

西欧刺猬

体长：13~27 厘米
尾长：无
体重：0.8~1.2 千克
社会单位：独居
保护状况：无危
分布范围：欧洲

作为一种防御机制，把头和四肢叠起来，放在肚子上变成一个都是刺的球。

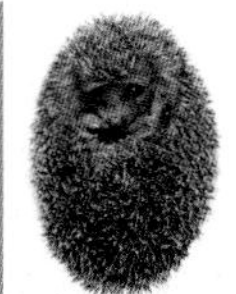

西欧刺猬丰满圆润，背部和身体两侧长着长约 20 毫米的刺。每根刺都和竖脊肌相连，使它能把刺竖起来、放下去。西欧刺猬前后足均有 5 趾；后足的第二、第三、第四趾比第一、第五趾更长，上面的爪子也更有力。有可以活动的尖吻，小眼睛、小耳朵，都藏在毛下面。

这个食虫动物不仅是游泳健将，也是爬树高手。除了在交配期，其他时间都是独居。交配前雄性会咬、喘息和发出嘘声；如果雌性不想交配，会把刺竖起来。

在 31~49 天的妊娠期之后，一胎会产下 1~9 只小刺猬。出生时，刺隐藏在皮肤下面。

Atelerix albiventris

四趾刺猬

体长：18~23 厘米
尾长：1.7~5 厘米
体重：236~700 克
社会单位：独居
保护状况：无危
分布范围：非洲中部

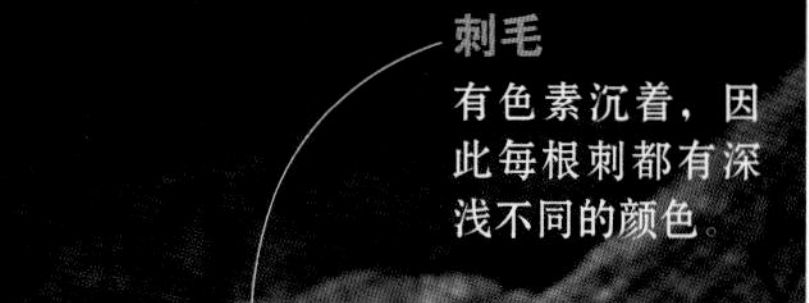

刺毛
有色素沉着，因此每根刺都有深浅不同的颜色。

四肢非常短，这种刺猬近似圆形的身体几乎贴在地面上。如果遇到危险，它就会收缩肌肉，蜷缩成一团。夜行独居，在广阔的范围内寻找食物，总是避免靠近同类。吃无脊椎动物比如蜘蛛或昆虫，对有毒物质的抵抗性很强。有一些奇怪的不为人所知的习惯，比如用唾液涂满全身。雌性比雄性大。

Hylomys suillus

小毛猬

体长：10~15 厘米
尾长：1~3 厘米
体重：12~80 克
社会单位：独居
保护状况：无危
分布范围：亚洲东南部

生活在亚洲东南部的低洼地和山区林地中。能爬上灌木，但主要在地面上进食。白天晚上都会活动，吃昆虫、蠕虫和其他小型动物，还吃当季的水果。它的皮毛形成了一个柔软的浓密的“披风”，背部为棕色，腹部颜色较暗淡。栖居在用干树叶建造的窝里。雌性一胎可产 3 只小毛猬。

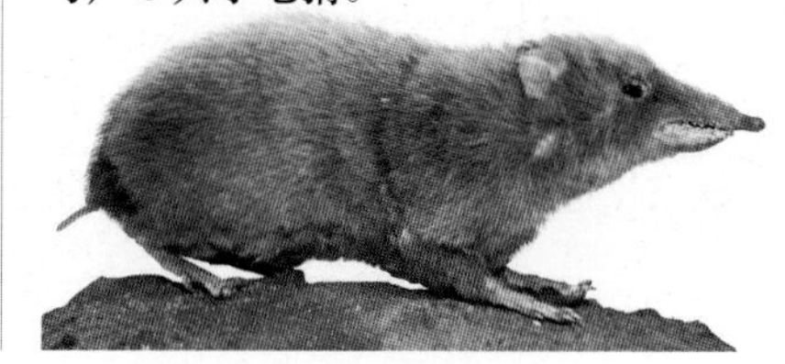

Echinosorex gymnura

刺毛鼩猬

体长：26~46 厘米
尾长：16~30 厘米
体重：0.5~2 千克
社会单位：独居
保护状况：无危
分布范围：亚洲东南部

生活在低洼地的热带雨林地区，被水淹没的滩涂地和耕地中。身体又瘦又长。外部的皮肤坚硬、粗糙、长满刺，有黑色和灰白的条纹。长长的有鳞片的尾巴上几乎没有毛。长嘴可以活动，在上切齿中间有沟槽。刺毛鼩猬是独居动物，在同类面前具有攻击性。白天待在洞穴中或裂缝中，晚上出来觅食。它们的食物有昆虫、蜘蛛、小虾、蜈蚣、蚯蚓、小鱼和其他水生动物。在 35~40 天的妊娠期之后，雌性一般产下 2 只幼崽（大约重 14.5 克）。

腐烂气味

和其他毛猬一样，用一种酸性气味标记领地。这种气味和腐烂的洋葱味很像。

长脸

脸上覆盖着白毛，眼睛周围有一圈黑线。

Atelerix frontalis

南非刺猬

体长：17~23 厘米
尾长：1.7~5 厘米
体重：236~700 克
社会单位：可变
保护状况：无危
分布范围：非洲南部

生活在牧场、灌木丛、多岩石地区或公园中。南非刺猬晚上活动，主要是独自活动，但“夫妻”也会一起出去觅食。吃甲虫、白蚁、蠕虫、蜈蚣以及其他小猎物。一个晚上可以吃下相当于自身体重30%的食物。和其他种类的刺猬一样，除了脸和腹部之外，身上长满了刺。小耳朵、短尾巴、尖嘴。雌性胸部有 4 个乳头，腹部有 1 个乳头，但是还可以有更多。妊娠期大约为 35 天，一胎产下 4~5 只小刺猬。小刺猬重约 10 克，出生时看不见东西，身上毛发稀少，大约 2 个星期后睁开眼睛，1 个月后就有了成年刺猬的特征。

Hemiechinus auritus

长耳刺猬

体长：15~27 厘米
尾长：1~5 厘米
体重：250~275 克
社会单位：独居
保护状况：无危
分布范围：亚洲中西部和东部、非洲北部

面部、四肢、腹部有粗糙的皮肤，身体其他地方长满刺，刺形成不同颜色的条纹，有黑色、棕色、黄色和白色。它的耳朵比其他刺猬的耳朵大很多。听觉和嗅觉非常发达，利于寻找食物和侦察猎物。在大约 39 天的妊娠期后，雌性会产下 1~4 只小刺猬。

Neohylomys hainanensis

海南新毛猬

体长：12~14.7 厘米
尾长：3.6~4.3 厘米
体重：50~69 克
社会单位：可变
保护状况：濒危
分布范围：中国

背部的毛浓密柔软，毛色为棕色或淡灰色，脊背中间有一道黑色条纹。体侧的毛更淡一些，腹部几乎是白色的。小脑袋，尾巴比其他毛猬长，几乎无毛，耳朵和爪子也一样。吃昆虫和蚯蚓，用长嘴翻动土地。白天夜晚都会出来活动，独自或小群体活动。

Paraechinus micropus

小脚猬

体长：14~23 厘米
尾长：1~4 厘米
体重：300~450 克
社会单位：独居
保护状况：无危
分布范围：亚洲南部

颜色是变化多样的：一些非常黑（黑化），另一些几乎是全白的（白化）。适应了干旱和沙漠地区。在食物缺乏的季节，比如旱季，小脚猬不活动。居住在岩石缝或小窝中，可以在里面储存食物。吃昆虫、蝎子、蛋类和腐肉。雌性一次产下 1~2 只小刺猬，1 个星期后，小刺猬就学会了蜷缩成球进行防御的技能。

鼩鼠及其近亲

门：脊索动物门

纲：哺乳纲

目：鼩形目

科：3

种：428

以昆虫为食，长嘴利齿，长尾巴和像丝般柔软的皮毛是这一目不同科动物（鼩鼱科、鼹科、沟齿鼩科）的共同特征。这些动物是有胎盘类哺乳动物中最原始的，和身体相比，它们的头相对较小。鼩鼱占大多数，大约占这一目的 90%。

Neomys fodiens

水鼩鼱

体长：6.5~9.5 厘米
尾长：4.5~8 厘米
体重：8~25 克
社会单位：独居
保护状况：无危
分布范围：欧洲和亚洲北部

脊背的皮毛是深灰色的，腹部是白色的。主要以水生昆虫、小鱼和青蛙为食。在水中潜伏大约 20 秒，捕捉猎物，用颌下腺分泌的有毒物质削弱猎物。在陆地上，吃蠕虫、甲虫和幼虫。小眼睛、小耳朵、又尖又长的嘴，这是鼩鼱典型的特征。水鼩鼱不仅是游泳健将（尾巴上有成排的毛，有利于游泳时掌握方向），还能修路建洞穴，把牧草和干树叶放进窝里。在 19~21 天的妊娠期后，雌性在窝里产下 4~7 只幼崽。哺乳期大约为 6 周（雌性有 5 对乳房）。水鼩鼱是独居动物，与其他鼩鼱相比攻击性不强。

银色条纹
使皮毛具有防水性；在水下潜浮时，能保存空气。

爪子推动器
游泳时用后爪向前推，爪子上有毛，增强推力。

Crocidura leucodon

白齿麝鼩

体长：4~18 厘米
尾长：4~11 厘米
体重：6~13 克
社会单位：独居
保护状况：无危
分布范围：欧洲至亚洲西部

身上有两种颜色：上半部分为灰色，下半部分为乳黄色，体侧的一条线把两部分明显地分开。它的牙齿是白色的，因为缺少色素沉着。白齿麝鼩的食物主要是蠕虫、幼虫和其他无脊椎动物。适应干旱高海拔的环境，比如牧场、森林和灌木丛。如果受到威胁，它就会蹲着，露出牙齿，大声尖叫。在发情期，雌性散发出强烈的气味。在大约 31 天的妊娠期之后，雌性一般产 4 只幼崽。刚出生时，幼崽重不到 1 克，第 1 周身上无毛；第 13 天睁开眼睛，22 天断奶。

鼩鼱

鼩鼱科的动物大部分都是食虫动物，也吃种子、水果和腐肉。大部分在陆地上生活，非常活跃。鼩鼱每天摄入的食物量达体重的 80%。它们的共同特征是尖嘴、厚实柔软的皮毛、长尾巴和简单锋利的牙齿。视力不发达，但是听觉和嗅觉发达，此外，还有感知周围回声（回声定位）的能力。这一科中有超过 300 种动物，分为 23 个属。

鼹鼠和麝鼹

鼹科的鼹鼠，身上体现了建筑洞穴和生活在洞穴里的功能适应：前足有强大的爪子，用来挖土，像铲子一样，也能刨出挖的土。体形小，圆柱形的身体，黑色浓密的短毛。有非常敏感的嘴，是食虫动物。这一科中的麝鼹则表现出游泳的功能适应：有蹼足，毛又长又硬，扁平的尾巴也是如此。主要生活在北美洲和亚欧大陆。这一科中有大约 42 种，分为 17 个属。

沟齿鼩

有长长的灵活的软骨般的嘴。小眼睛，长尾巴。尾巴上毛少，有鳞片；身体被一层厚厚的浓密的黑毛覆盖。属于沟齿鼩科，在体形上，和鼩鼱很像，但是也有原始哺乳动物特有的特征，和恐龙同期生活（在 2.25 亿年到 6500 万年前）。有在哺乳动物中不常见的特征：能分泌毒液，在捕食猎物（从无脊椎动物到小的爬行动物）时会用到。现存两种：古巴沟齿鼩和海底沟齿鼩。

Cryptotis parva

小麝鼩

体长：6.7~10.3 厘米
尾长：1.2~2.2 厘米
体重：4~6.5 克
社会单位：群居
保护状况：无危
分布范围：北美洲

毛短、浓密、柔软，背部的毛在冬天是深棕到黑色的，夏天颜色要淡一些。如同很多鼩鼱一样，小麝鼩的牙齿上也有棕色的色素沉着。它和其他鼩鼱的区别在于社会结构不同：群居，好几只共住一个窝。使用其他动物废弃的洞穴，或大家一起挖土建造洞穴，大部分活动在夜间进行。没有攻击行为的记录，即使是在共同分食的情况下（食物为臭虫、蚯蚓、蜗牛、蛞蝓等）。在 21~23 天的妊娠期后，雌性产下 1~9 只幼崽。幼崽出生时有胡须和爪子，但是没有发育完全的牙齿。20 天后就不依赖母亲了，31~36 天的时候，就达到了性成熟。

Suncus etruscus

小臭鼩

体长：4~5 厘米
尾长：2~3 厘米
体重：2~3 克
社会单位：独居
保护状况：无危
分布范围：从欧洲南部到亚洲西南部，斯里兰卡，非洲北部、东部和西部

生活在森林、灌木丛和牧草茂盛的地方。它的毛短而柔软，为淡灰色或棕色。它具有强大的啃咬能力以捕食相对于它的体形来说的大型猎物。比如昆虫、蠕虫、蜗牛和蜘蛛。由于需要大量能量，所以它大部分时间都在用长嘴寻找食物。非常活跃，几乎一直在活动，不找食物的时候就舔毛，梳理毛。在它保持安静的短短的时间内，总是藏在干树叶下。小臭鼩在缝里或洞中建窝，只在发情期才会成对生活在一起。在 28 天的妊娠期后，产下 2~6 只幼崽。饲养起来很困难，因为体形小，需要的能量多。

Blarina brevicauda

北美短尾鼩鼱

体长：12~14 厘米
尾长：3 厘米
体重：20 克
社会单位：可变
保护状况：无危
分布范围：加拿大南部到北部，美国东部

它的眼睛和耳朵非常小，但是嘴却比其他的鼩鼱更健壮，也没有那么尖。嗅觉发达，撕咬时用有毒的唾液削弱猎物。在地下鼹鼠和老鼠的旧地道中休息。白天黑夜都会活动。视力弱，但是用类似于蝙蝠和鲸的回声定位方法来感知周围的环境。进食时狼吞虎咽（以无脊椎动物、小的脊椎动物和植物为食），一天可以摄入 3 倍于其体重的食物。雄性个体比雌性个体稍微大一些，特别是头的大小。独居，在陆地上生活；交配期会用树叶和牧草建窝，窝建在地道里或岩石中。在 22 天的妊娠期后，雌性产下 3~10 只幼崽。

Notiosorex crawfordi

荒漠鼩鼱

体长：8 厘米
尾长：2.5 厘米
体重：4.5~8 克
社会单位：独居
保护状况：无危
分布范围：墨西哥和美国南部

皮毛是灰色的，搭配有棕色；腹部的颜色更淡。长尾巴，视力要比大部分鼩鼱好很多。主要生活在干旱地区。自己不挖洞穴，而是住在其他动物的洞里。捕食蠕虫、蜘蛛、小型鸟类和蜥蜴。雌性用牧草和毛建窝，一胎产3~5只幼崽，如果条件允许的话，一年可以生产2次。

Chimarrogale hantu

马来亚水鼩

体长：8~12 厘米
尾长：6~10 厘米
体重：30 克
社会单位：独居
保护状况：近危
分布范围：亚洲东南部

身体是流线型的，四肢上直立的毛推动它在水中游动。长尾巴、小眼睛、小耳朵（潜水时，耳朵闭得紧紧的）。用它自己的油脂涂毛，使毛不进水。生活在河流小溪附近的沼泽地里。其洞穴的入口通常在水下。食物为甲壳类动物、幼虫和水生昆虫。

Sorex tundrensis

苔原鼩鼱

体长：83~120 毫米
尾长：20~37 毫米
体重：3.8~10 克
社会单位：独居
保护状况：无危
分布范围：加拿大、中国、蒙古、俄罗斯、美国

皮毛颜色随着季节和年龄变化而变化。夏季，成年鼩鼱身上有3种颜色（脊背棕黑色、体侧淡棕色、腹部灰色）；青年鼩鼱的背部和腹部的颜色变化不明显。冬季，皮毛有2种颜色，毛也更长。食物以蚯蚓、昆虫和幼虫为主。雄性在夏季性活动更为活跃。雌性一胎产8~12只幼崽。

Diplomesodon pulchellum

斑麝鼩

体长：5~7 厘米
尾长：2~3 厘米
体重：7~13 克
社会单位：独居
保护状况：无危
分布范围：亚洲中部

和其他鼩鼱比起来，斑麝鼩嘴巴非常尖，胡须长。前足的掌上和爪上有长长的坚韧的有弹性的毛，这对它们在沙面上活动很有帮助。斑麝鼩生活在荒漠地区的栖息地中，在黄昏和晚上非常活跃。这时可以轻易捕捉到猎物，昆虫（尤其蚂蚁）和小蜥蜴是它主要的食物。主要在沙面上捕猎，但也会在散沙上挖来挖去，寻找幼虫和蠕虫。住在裂缝里或干草堆中，经常换住所。斑麝鼩的交配期是3~10月；雌性一胎产下4~5只幼崽。

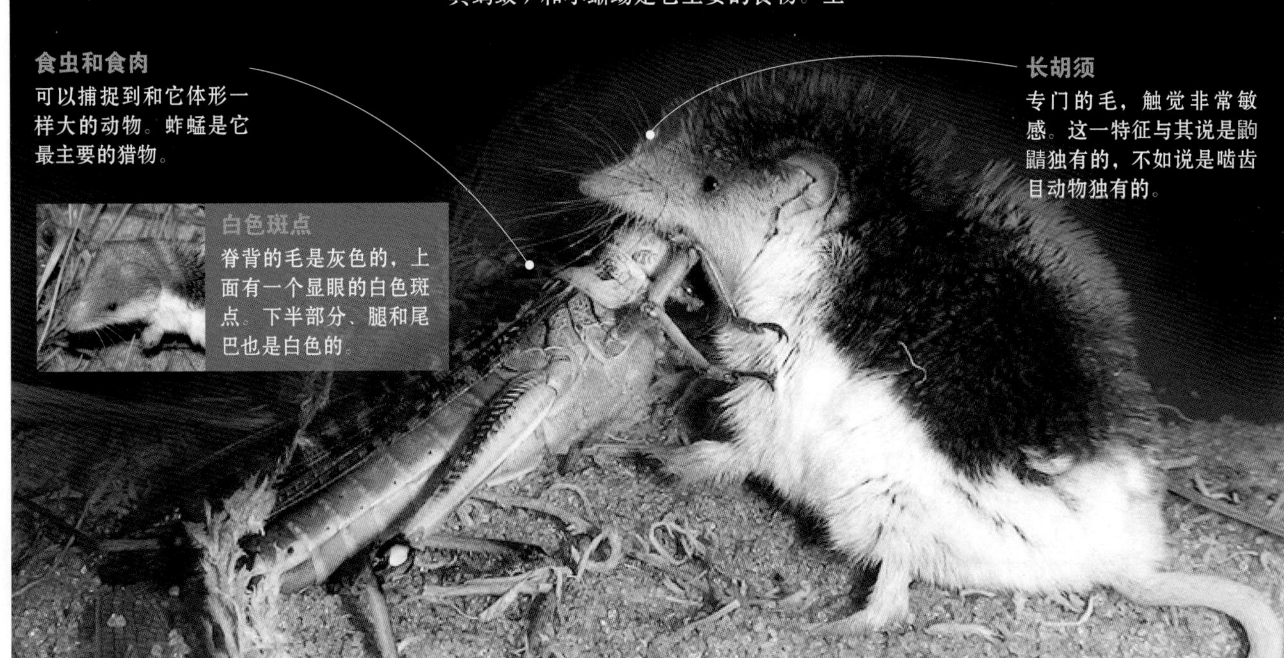

Sorex araneus

普通鼩鼱

体长：5~8 厘米
尾长：2.5~4.5 厘米
体重：5~14 克
社会单位：独居
保护状况：无危
分布范围：欧洲到亚洲北部

普通鼩鼱适应各种栖息地，可以在牧场、乱石堆、沙丘和森林里生活。在地下造窝，或者用田鼠、老鼠和鼹鼠废弃的窝。大部分时间在地下度过，但是白天黑夜都很活跃，都会捕食。对食物是来者不拒，它的机体每天需要摄入相当于自身体重 80% ~90% 的食物来保持运转，一天可以捕食十来次。

皮毛有 3 种颜色，背部是棕色的，腹部是灰色的。腿和尾巴短。尽管耳朵小，且藏在毛下面，但是听力很发达。陆生动物，通过超声波交流。尤其是雌性呼唤幼崽或在入侵者面前保护领地时发出的超声波。具有攻击性，当被逼到走投无路时，它会用撕咬来回应。普通鼩鼱除了在发情期（春天或初秋）之外，都是独居。在 24~25 天的妊娠期之后，雌性一次产下 6~7 只幼崽。幼崽出生时只重 0.5 克多一点。1 个月后断奶，快速地分散到各地，变成掠食者（主要是猫头鹰、白鼬、鼬、赤狐等）猎物的风险很大。不同性别的鼩鼱会很早地建立各自的活动区域，这一区域的面积大小不同。

地上的蠕虫
这是它的食物之一，除此之外，还吃大量的昆虫、蜘蛛和胭脂虫。

一个接生幼崽的窝
普通鼩鼱会建造居住的洞穴。但是在分娩的时候，会建一个特别的窝。这个窝在树干或岩石下面，用牧草和干树叶覆盖。

明亮的眼睛
黑色的乌亮的眼睛，但视力不是很好。

尖吻
灵活，嗅觉灵敏，用来侦查猎物。

三色的皮毛
脊背是深棕色的，体侧的毛更淡一些，腹部是灰色的或者近似白色。

Talpa europaea

欧鼹鼠

体长：10~16 厘米
尾长：2 厘米
体重：65~125 克
社会单位：独居
保护状况：无危
分布范围：欧洲和亚洲北部

会动的毛
可以朝向任一方向，便于在地道中移动。

欧鼹鼠的身体细长，像圆筒状，上面覆盖着乌黑发亮的皮毛。雄性比雌性大，但是雌雄两性长得非常像。

地下深处的栖息地

欧鼹鼠生活在非常深的地下，深到足够它们挖掘复杂的地道网。可以在耕地、落叶草原和常绿草原看到它们的身影。

长长的交配期

雄性把它的地道网挖到雌性的洞穴。在那里在24~48 小时内进行多次交配。妊娠期和哺乳期都是30 天左右。雌性会分泌大量睾丸素，这也就解释了雌性在保护领土时的攻击性以及它和雄性长得像的原因。

捕捉猎物的方法
根据土地的特点，欧鼹鼠会挖土搜寻蠕虫，在地道里寻找或跑到地面上来找食物。

在洞中的鼹鼠

鼹鼠的洞居习性使它在哺乳动物中别具一格，因为实际上，它的一生都是在地下度过的：在那里吃饭、睡觉、交配、繁衍、哺乳。它的洞穴是由一个庞大的地道网构成的。鼹鼠用它强有力的前爪挖地道。在地道网中，它能捕获蠕虫、甲虫的幼虫、蛞蝓及其他小的无脊椎动物。由于需要不断摄入营养物质，不管白天或黑夜，鼹鼠通常保持活跃几个小时，然后再睡上相同时间的觉。

爪子
鼹鼠的前足向外伸，像铲子一样。它的5 个有力的爪子能挖土，还能把土铲出去。铲土的时候，用后足支撑着地道的墙壁。

地下世界

对哺乳动物来说，在地下建洞穴或庇护所的主要功能就是保护自己。鼹鼠们在地下洞穴内寻找食物，然后保护和储存食物。

领地
每只鼹鼠都有自己的洞穴。通道大约宽5 厘米，高4 厘米。算下来，整个地道系统要长于70 米。

地道系统
鼹鼠建造地道的方法是，先建主地道，主地道连接各个分地道和唯一的一个窝室。旁侧的地道或次室用来捕捉生活在土壤中的蠕虫和其他无脊椎动物。

幼崽独立
刚出生时没有毛，眼睛没睁开，但大约35 天之后，就能离开洞穴，寻找自己的领地。

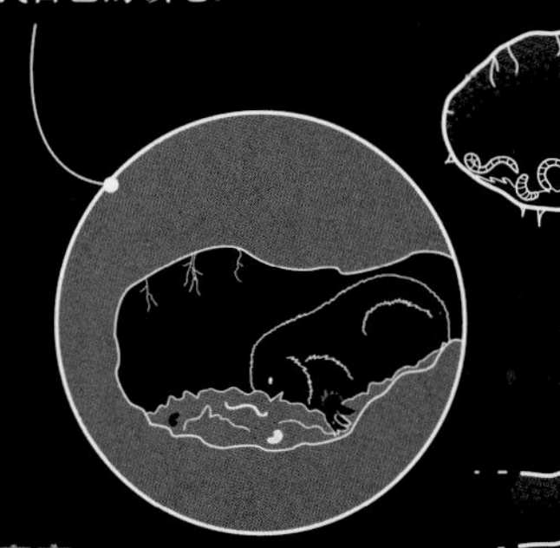

窝室
在和雄性交配之后，雌性会建造一个专门的窝室。这个窝室有一个足球那么大。上面用牧草和干树叶覆盖。在这个窝里产下幼崽，一胎产下2~7 只。

尖吻
无毛，有敏感的胡须。

小眼睛
通常被毛覆盖着。

像火山

鼹鼠建造的“小山”可以通过像火山一样的外部形状分辨出来。这座“小山”是由内部地道挖出来的土建成的。洞穴的入口通常在中间或者鼹鼠洞的一边。

大大的前腿
上面有发达的肌肉组织。

吃蠕虫
鼹鼠会先咬掉蠕虫的头，然后甩几下，把蠕虫身上的土弄掉。

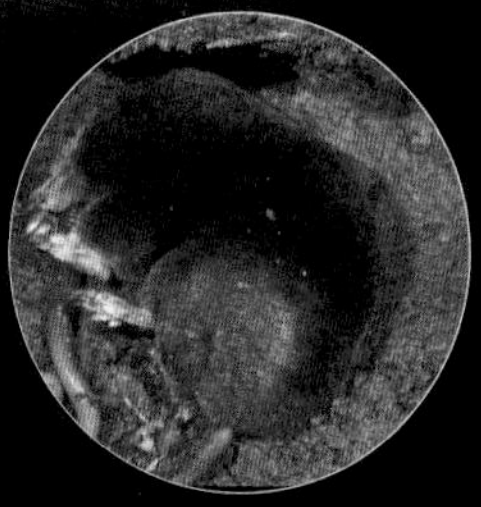

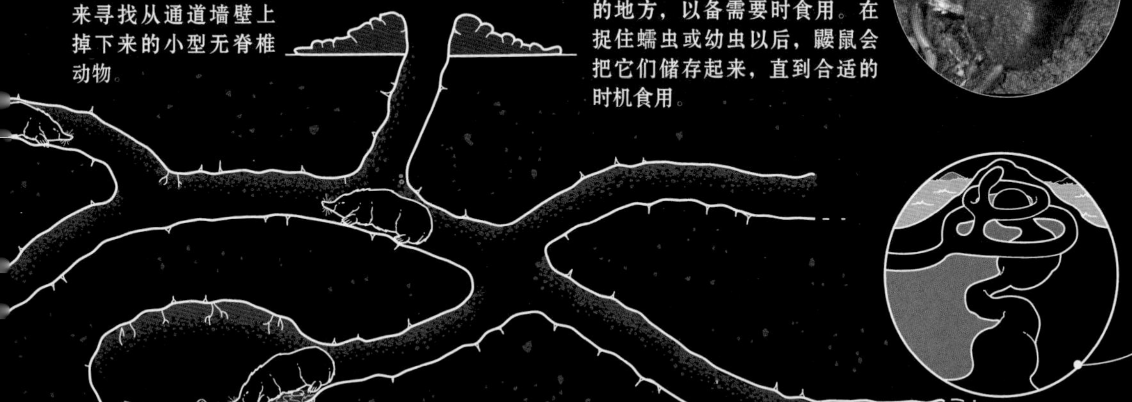

食物道
鼹鼠会挖掘许多通道来寻找从通道墙壁上掉下来的小型无脊椎动物。

食物储藏室
有些鼹鼠有一个专门保存食物的地方，以备需要时食用。在捉住蠕虫或幼虫以后，鼹鼠会把它们储存起来，直到合适的时机食用。

复杂的网
连接不同类型的室。

纵向地道
连接外部入口和洞穴内部。可达约70厘米深。

Nectogale elegans

蹼小麝鼩

体长：9~13 厘米
尾长：8~11 厘米
体重：25~45 克
社会单位：独居
保护状况：无危
分布范围：亚洲南部

生活在喜马拉雅山及附近山系中水流湍急、冰冷的溪流里。身体矮胖，半水栖动物，背部的毛为灰色，腹部是银白色。它的尾巴相对来说很粗，黑色的尾巴上有白毛，游泳时会用到。生活在河流两岸的洞穴中，吃昆虫、幼虫、甲壳类动物和小鱼。

Scutisorex somereni

盔鼩鼱

体长：10~15 厘米
尾长：6.5~9.5 厘米
体重：70~125 克
社会单位：独居
保护状况：无危
分布范围：非洲中部到东部

也被称为英雄鼩鼱，身体健壮，由于脊椎结构的原因，脊背呈独特的弓形，除了身体两侧的肌肉相互连接外，细毛或刺也上下交织。独特的脊椎使它能承受重物，脊背上大量的肌肉让它的身体异常柔软灵活。它不是有 5 个腰椎椎骨，而是有 11 个，这一特征把它和已知的哺乳动物区分开来。和其他鼩鼱相比，它的体形大，身体被浓密厚实的长毛覆盖。生活在长满树的地区、棕榈林和高海拔的灌木丛中。盔鼩鼱用一种分泌腺分泌的刺鼻物质标记领地，这个分泌物会在皮毛上留下斑点。吃杂草和竹芋(含淀粉的根和一些热带植物的块茎），也吃昆虫、蚯蚓和蟾蜍。

Blarina carolinensis

南方短尾鼩鼱

体长：7.5~10.5 厘米
尾长：1.7~3 厘米
体重：15~30 克
社会单位：独居
保护状况：无危
分布范围：美国东南部

夜间活动，生活在排水良好的硬木林或者松树林中。这些地区的落叶便于它挖地道。吃蜗牛、蝴蝶幼虫、甲虫和小的无脊椎动物。小眼睛、小耳朵、可以活动的长鼻子。一年交配 2 次，雌性产下 2~6 只重约 1 克的幼崽。

Suncus murinus

臭鼩鼱

体长：10~15 厘米
尾长：8 厘米
体重：23~147.3 克
社会单位：独居
保护状况：无危
分布范围：非洲东部和亚洲南部

它的样子看起来像老鼠，但是脸更长、更尖。雄性比雌性大很多，它的特征就是有分泌麝香味的腺体，能散发出强烈的与众不同的香味，这也是一种防御策略。生活在森林和农田中。用树叶和其他可利用的材料建窝，把窝建在隐蔽黑暗的角落。通过叫声和嗡嗡声进行交流。食物中的 80% 以上是昆虫和哺乳动物。在晚上捕食。在大约 1 个月的妊娠期后，雌性产下 4~8 只幼崽，12~20 天后断奶，35 天左右达到性成熟。

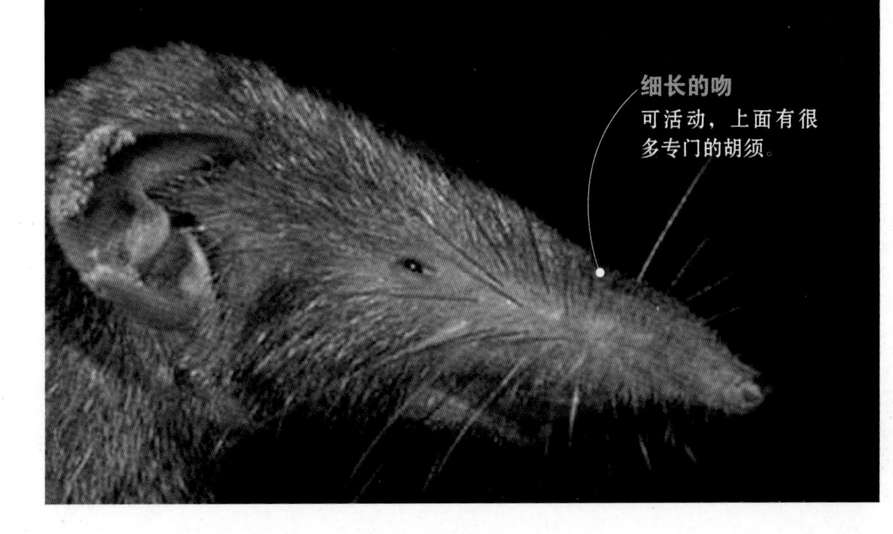

Blarina hylophaga

短尾鼩鼱

体长：9.2~12.1 厘米
尾长：1.7~3 厘米
体重：13~16 克
社会单位：独居
保护状况：无危
分布范围：美国

背部是白金灰到黑色，腹部颜色较淡。身体健壮，尖嘴、小眼睛、被覆盖的小耳朵、短小的四肢。用一种香腺分泌物来标记领地。在 21 天的妊娠期后，雌性产下 4~10 只幼崽。

Megasorex gigas

墨西哥大鼩鼱

体长：8~9 厘米
尾长：4~5 厘米
体重：10~12 克
社会单位：独居
保护状况：无危
分布范围：墨西哥西南部

坚实的身体，长吻。用长吻挖土寻找幼虫、蠕虫、蜘蛛和其他猎物。脊背是棕黑色或者淡灰色，腹部颜色更淡。喜欢栖居在土壤潮湿地区和低山地区，生活在草地或森林里，也生活在半干旱地区。

Parascalops breweri

毛尾鼹

体长：11.6~14 厘米
尾长：2.3~3.6 厘米
体重：40~85 克
社会单位：独居或成对
保护状况：无危
分布范围：加拿大东南部和美国东北部

毛尾、短吻的特征把这种鼹鼠和这一地区的其他鼹鼠区分开来。它的毛厚且柔软，腹部有白色的斑点；随着年龄的增长，尾巴、腿和嘴巴都会变成全白色。

没有外耳，尾巴粗，肉多。毛尾鼹主要以蚯蚓、蚂蚁、甲虫的幼虫和蜈蚣为食，白天比晚上更活跃。雌性一般一年只生产一次，在4~6周的妊娠期之后，产下4~5只幼崽。幼崽是灰白色的，身上有皱纹，眼睛和嘴巴周围有几根毛。在繁殖期，雄性、雌性和幼崽一起住在地下通道中，之后又会分开住。

Desmana moschata

俄罗斯麝香鼠

体长：18~21 厘米
尾长：17~21 厘米
体重：450 克
社会单位：群居
保护状况：易危
分布范围：欧洲东部和亚洲中部

又长又扁的尾巴便于它在水中移动；尾巴特别长，跟身子和头加起来的长度差不多。用灵敏的长鼻子在淤泥里、河床的石头中间寻找猎物。它的食物中既有鱼，也有软体动物、两栖动物、甲壳类动物和昆虫。内部的皮毛又长又密，外面覆盖一层又长又粗的保护毛。头部和身体的毛是棕色的，腹部是灰色的。它长得像麝鼠。俄罗斯麝香鼠是群居动物，几对俄罗斯麝香鼠可以住在同一个洞穴中。在40~50天的妊娠期之后，雌性麝香鼠产下3~5只幼崽，1个月后幼崽断奶。

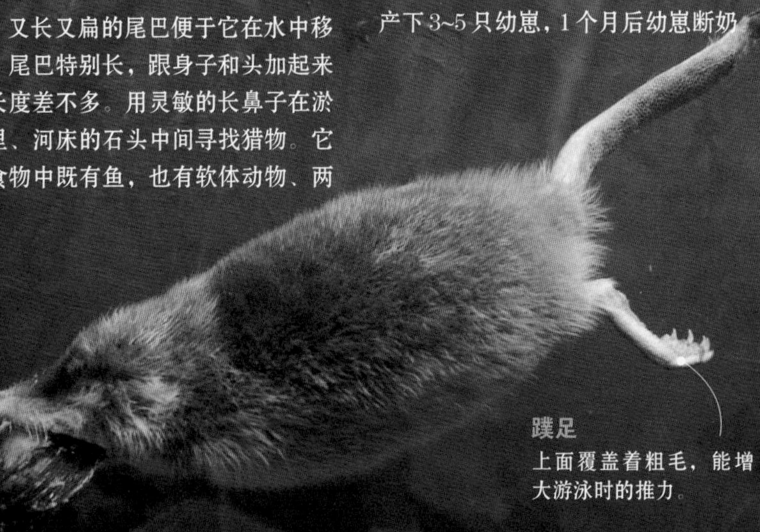

Solenodon paradoxus

海地沟齿鼩

体长：28~32 厘米
尾长：17~26 厘米
体重：1 千克
社会单位：独居
保护状况：濒危
分布范围：加勒比

有可以活动的长嘴、长尾巴，毛色从黑到红。腿、尾巴和耳朵的上半部分通常无毛。夜间活动，灵活迅捷。用爪子挖土寻找昆虫、蠕虫、小蜥蜴和果实。它撕咬时分泌的毒液不仅是一种防御手段，也是一种用来麻痹猎物的工具。

保护状况

沟齿鼩是最古老的哺乳动物中的一种。有限的栖息地被侵占、被破坏，使得沟齿鼩的数量日益减少。

Solenodon cubanus

古巴沟齿鼩

体长：28~39 厘米
尾长：17.5~25.5 厘米
体重：1 千克
社会单位：独居
保护状况：濒危
分布范围：古巴

头相对较大、长鼻子、小眼睛、粗尾巴；前足比后足大很多，上面有利爪。从下切齿的沟槽中分泌有毒的唾液。尽管移动时只用指头支撑，但跑得很快，爬树敏捷。夜间活动，吃蚯蚓、小型爬行动物、果实和树叶。雌性一胎产1~2只幼崽，幼崽和母亲一起生活几个月。

Condylura cristata

星鼻鼹

体长：18~19 厘米
尾长：6~8 厘米
体重：45 克
社会单位：可变
保护状况：无危
分布范围：加拿大东部、美国东北部

鼻尖上有 22 个灵敏的触手是星鼻鼹最突出的特征。在不到 1 平方厘米的触手上有超过 2.5 万个乳突感官；星鼻鼹的大部分大脑用来处理这些接收器发出的信息。“星星”是对称的，一边有 11 个，长在 1~4 毫米之间。圆柱形的身体很健壮，上面覆盖着浓密的短毛。背部从深棕到黑色，腹部颜色浅。在冬天，尾巴的直径可以变大 3~4 倍，是储存脂肪的地方。栖息地土壤潮湿，在河流、湖泊、池塘附近挖隧道。挖隧道时，触手合在鼻子周围，避免灌满土。洞穴的入口通常在水底。半水栖，星鼻鼹在水中游泳时，交替用前后爪划动，因此用独特的“之”字形前进。在冬天，可以在雪上挖掘，在冰冷的水中游泳。雌性星鼻鼹的妊娠期为 45 天，产下 2~7 只幼崽。幼崽出生时，耳朵和眼睛都没睁开，星星触手向下折叠，2 个星期后才能发挥作用。

地道

宽度比高度长，在同一个水源附近，可以延伸 250 多米。

马岛猬及其他

门：脊索动物门
纲：哺乳纲
目：非洲猬目
科：2
种：51

多种多样的马岛猬反映了它们为了适应不同的栖息地而做的进化。金毛鼹科动物都在洞穴内生活。一些动物身上的特征和不利的自然环境有关，比如代谢缓慢、体温下降。为了节约能量，它们也会进入冬眠状态。

Limnogale mergulus

蹼足马达加斯加猬

体长：12~17 厘米
尾长：12~16 厘米
体重：62~90 克
社会单位：独居
保护状况：易危
分布范围：非洲西部和中部

它的毛短、浓密且柔软，棕色的毛皮上有红色和黑色的毛；腹部为浅黄色。和身体相比，头又小又宽，眼睛和耳朵都很小。这种刺猬的名字来源于有蹼足的后腿，用来在水中推动自己前进，又粗又有力的尾巴就像方向舵一样。白天在溪流附近的洞穴内睡觉，晚上去找食物：昆虫、幼虫、小蟾蜍。用前腿捕猎，随后把猎物放到嘴里，用后腿击打来削弱猎物的挣扎。

敏感的胡须
独特的短毛，触觉非常敏感。

Setifer setosus

多刺无尾猬

体长：15~22 厘米
尾长：1.5 厘米
体重：175~275 克
社会单位：独居
保护状况：无危
分布范围：马达加斯加

身体细长，上面覆盖着带有白色刺尖的短刺，看起来有点像刺猬。头部和四肢上长有灰色到黑色的粗糙的毛。和刺猬一样，它也会把自己卷成一个刺球作为防卫策略。夜间活动，一年四季都很活跃。爬树灵敏，食物主要包括：蠕虫、两栖动物、爬行动物、昆虫、腐肉、果实和浆果。如果气候环境恶劣、食物缺乏，它可以进入为期数周的睡眠状态。

Micropotamogale lamottei

小獭鼩

体长：12~20 厘米
尾长：10~15 厘米
体重：125 克
社会单位：独居
保护状况：濒危
分布范围：非洲西部

在宁巴山附近的小河、山间溪流或沼泽中生活。长尾巴、肉鼻子、圆脑袋。灰色或深棕色的毛很长，经常盖住眼睛和耳朵。夜间活动，吃小鱼、蟹和昆虫。捕猎时，短时间潜入水中，浮出水面进食。

Micropotamogale ruwenzorii

芦山小獭鼩

体长：12~20 厘米
尾长：10~15 厘米
体重：75~135 克
社会单位：群居
保护状况：近危
分布范围：刚果和乌干达

半水栖，身上有对环境适应性的表现：后足为蹼足，浓密柔软的皮毛上有护毛，圆圆的尾巴，根部有长长的毛。生活在不同栖息地的小溪和小河周围。夜间活动。在水下的土滩中挖洞，洞穴的入口在水下。吃幼虫、蠕虫、鱼、蟾蜍和蟹。

Tenrec ecaudatus

普通马达加斯加猬

体长：26~39 厘米
尾长：1~1.5 厘米
体重：1.5~2.4 千克
社会单位：独居
保护状况：无危
分布范围：马达加斯加

夜间活动，独居，在同类面前具有攻击性。为了防御，普通马达加斯加猬会尖叫、把脖子上的小刺竖起来、跳跃、反攻、撕咬。它的身体上覆盖着粗糙的毛和锋利的刺，前腿要比后腿长很多。通常躲在溪流附近的洞穴中。有两种洞：一种是冬眠的洞，长为 1~2 米，冬眠时洞口盖着土；另一种洞是活跃期用的，有 2 个出口。雌性平均有 12 个乳头（个别有 30 个）。妊娠期为 50~60 天，通常产下十来只幼崽。9~14 天幼崽睁开眼睛，长到 3 个星期时，可以和母亲一起去寻找食物。

可以活动的长吻
用于在树叶间挖来挖去寻找无脊椎动物、爬行动物和小型两栖动物。

粗糙的披风
背上有尖尖的刺，呈栗灰色或灰红色。

树叶做的藏身所
住在牧草和干树叶造的窝里，窝建在靠近树干的地方或者建在岩石中间。

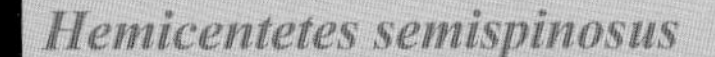

Hemicentetes semispinosus

条纹马达加斯加猬

体长：16~19 厘米
尾长：无
体重：80~275 克
社会单位：群居
保护状况：无危
分布范围：马达加斯加

毛有两种颜色，底毛是黑色的，上面有黄色、白色和棕色的条纹，这是它突出的特征。有三道条纹贯穿身体，第四道在脸上。身上的刺较为分散，用来防御。其中一些刺形成发声器，受到摩擦时，会发出刺耳的声音。冬天它会进入冬眠，但是也可以从睡眠中醒来寻找食物。生活在洞穴中，1 个洞穴内只有 1 只条纹马达加斯加猬；在交配期（特别是在雨季），20 只以上条纹马达加斯加猬成群地住在一起。如果雌性不想交配，就会在找到它的雄性面前把刺竖起来，甚至用刺攻击它。在 55~58 天的妊娠期之后，雌性产下 2~6 只幼崽，幼崽受到整个群体的保护。

竖起来的羽冠
头冠上竖起来的毛饰，在其受到威胁时，会立起来像羽冠一样。

以蠕虫为食
它的食物几乎都是蠕虫，但也会吃其他无脊椎动物和幼虫。

胸椎骨的数量异常多：20021 块

Eremitalpa granti

荒漠鼹

体长：7~8 厘米
尾长：无
体重：15~30 克
社会单位：独居
保护状况：无危
分布范围：南非

毛柔软，比大部分鼹鼠的毛长，但是毛的长度会随季节而变化。通常脊背为灰色，两侧的毛发黄，面部和腹部的毛色淡。它的四肢短，位于身体下方。脊背和腹部是扁平的。前肢前三个指头上的爪子明显要宽、要长，中空，用来挖土以及在沙上游动。这是唯一一种第四爪相对发达的金毛鼹。独居，晚上到地面上寻找食物。在沙丘上奔跑觅食，用灵敏的听觉和嗅觉侦查猎物。对于荒漠鼹的繁殖特征所知甚少，据估计雌性的妊娠期在4~6 周之间，随后产下 2~3 只幼崽。幼崽刚出生时，毫无自我保护能力，2~3 周后断奶。

Chrysochloris asiatica

金毛鼹

体长：9~14 厘米
尾长：无
体重：可达 50 克
社会单位：独居
保护状况：无危
分布范围：非洲南部

皮毛柔软浓密，颜色为橄榄色、棕色或灰色。鼻子上有一个无毛的鼻垫。小眼睛、小耳朵，前腿上有挖土的长爪子，适应在隧道里的生活。吃幼虫、蠕虫和其他在挖掘时发现的或者掉入其洞穴内的小动物。

Chrysospalax trevelyani

巨金鼹

体长：12~17 厘米
尾长：无
体重：85~142 克
社会单位：可变的
保护状况：濒危
分布范围：非洲南部

毛色在淡黄色、棕红色和黑色之间变化，上面有金色或青铜色的光泽。呈纺锤形，四肢短、前爪长。没有尾巴和耳朵，小鼻子，眼睛被毛皮覆盖。吃蚯蚓、白蚁和千足虫。吸引异性时有一个仪式：雄性发出叫声，扭头晃脑，乱跺脚；雌性以刺耳的尖叫声进行回应。

保护状况

由于人类的乱砍滥伐和过度放牧，栖息的森林在不断减少，现在只剩下约 500 平方千米。当地人口的增加给它带来了被狗袭击的风险。尽管有现行的保护措施，但是仍然远远不够。

Amblysomus hottentotus

霍屯督金鼹

体长：11.5~14.5 厘米
尾长：无
体重：40~101 克
社会单位：独居
保护状况：无危
分布范围：非洲南部

它是非洲南部分布最广的一种金鼹。生活在土壤松软的温带草原、海边的森林地区或多树草原的地道中。身体呈柱形，上面覆盖着红色到深棕色的毛。在平直的有光泽的外毛下面有一层内毛，内毛防止地下的潮气侵入身体。霍屯督金鼹眼睛被毛皮覆盖，完全是瞎子；没有明显的耳朵，耳孔被毛覆盖；鼻孔有肉垫保护。这些特征避免挖掘时沙子进入，弄脏鼻子。用前足的第二和第三个爪子挖土。建造复杂的洞穴，有地道、各个室和小洞，在被掠食者追踪时，充当藏身之所。

夜间活动，独居，陆栖，在同类面前具有攻击性，但倾向于与不和它争夺食物的物种共同生活。在雨季时最为活跃，那时食物资源也最为丰富。追求异性可能会非常“暴力”：雄性追着雌性，强迫交配。雌性一年可产好几胎，每胎产下 1~3 只幼崽。雌性甚至还会在哺乳上一窝的幼崽时，再次怀孕。幼崽刚出生时非常轻，母亲哺乳其长到 35 克左右，随后会被强迫离开洞穴。

树鼩

- 门：脊索动物门
- 纲：哺乳纲
- 目：树鼩目
- 科：树鼩科
- 种：19

看起来长得像松鼠。尽管被通俗地称作树栖鼩鼱，但树鼩的大部分时间是在地面上度过的。通常是独居，但是一些树鼩也会成对生活或者群居。指粗大，指甲弯曲，能紧紧抓住岩石或树枝，用长尾巴保持平衡。一开始被列为食虫目，现在自成一目。

Tupaia minor

倭树鼩

体长：11.5~13.5 厘米
尾长：13~17 厘米
体重：50~70 克
社会单位：独居
保护状况：无危
分布范围：亚洲东南部

脊背上有橄榄棕色或者红色的斑点，身体内侧为白色或者米色。长得像松鼠，但尖吻、无胡须这些特征把它和松鼠区分开来。

倭树鼩主要栖息在树上。生活在森林地区，是敏捷的爬树“高手”。用后腿紧紧抱住树枝，用前腿支撑起腹部，从一根树枝移到另一根树枝上，而又不失去平衡。

白天在树枝、灌木丛和倒下的树干间跑来跑去，寻找食物。它的食物主要有小动物、果实、树叶、种子和腐肉。胃小且简单，消化时间在 20~45 分钟之间。通常坐在后肢上，用前足吃东西，就像松鼠一样，同时留意着掠食者的出现，比如蛇、树栖猫科动物和猛禽。这种树鼩，腹部有腺体，能分泌一种气味，它用这种气味标记活动范围，赶跑同性的同类。雌性的妊娠期在 46~50 天之间，之后产下 1~3 只幼崽。幼崽刚出生时体重在 6~10 克之间，生活在位于叶子之间的巢中，同时靠母亲喂养它们。在第一个月内，母亲只是偶尔回来给它们喂奶。

发达的感官
鼻子、眼睛、耳朵突起，赋予它敏锐的感觉。

抓紧握牢
长爪子，锋利的爪子和肉垫上的疖疤使它能紧紧地抓住树皮和岩石。

Tupaia tana

大树鼩

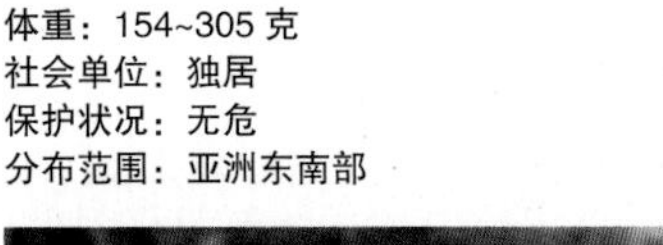

体长：16.5~32.1 厘米
尾长：13~22 厘米
体重：154~305 克
社会单位：独居
保护状况：无危
分布范围：亚洲东南部

是树鼩目所有种中在陆地上生活时间最长的一种，会短时间在树上，只为了查看附近是否有危险。日间活动，大树鼩是所有树鼩中最活跃的（雌性比雄性活跃）。背部为深棕色，腹部颜色发红，肩部有淡黄色的条纹，后半身有一条黑色的条纹。长吻，大眼睛没有睫毛，耳朵毛发稀疏。主要在地面上寻找食物（甲虫、蚂蚁、蜘蛛、蠕虫、蜈蚣和其他无脊椎动物）。雄性先追求雌性，实行一夫一妻，和雌性一起分享领地。雌性在窝里产下 1~2 只幼崽。窝建在地面上，用木柴纤维建窝，围一圈树叶。哺乳期在 25~33 天之间。

分类

最初，树鼩被列为食虫目，现在已经不采用这个分类方法了。之后把它和灵长目动物归为一类，因为它和这些动物有一些相似之处。然而现在的基因研究表明，它们是一个古老的种群，有着独立的进化史。因此，它们自成一目——树鼩目。这一目中仅有一科，下面分为两个亚科。毛尾树鼩是毛尾树鼩亚科中的唯一一种，其他 18 种树鼩属于树鼩亚科。

解剖学和繁殖

树鼩的外表和松鼠有很大的相似之处，甚至有松鼠最突出的特征：长尾巴，上面有浓密的毛。但是树鼩也有一些特征把它和松鼠区分开。它没有敏感的胡须，后足上有 5 个有功能的指头，这些就是最明显的差别。雄性树鼩有从阴囊进化来的睾丸，这和灵长目动物的解剖学特征一样。雌性树鼩平均每胎产下 3 只幼崽，在一个树叶做的窝里进行分娩。窝是由雄性造的，建在树洞里。

举止行为

在地上奔跑或敏捷地爬树，寻找昆虫、蠕虫、小型脊椎动物和果实。进食时，用前足抓着食物，通常蹲着，警觉着掠食者的到来。用敏锐的视觉、听觉和嗅觉寻找食物，感官非常发达。一些种类的树鼩会结成永久的夫妻，分享领地，共同御敌。为了方便认出彼此，用气味标记双方和幼崽。但是母亲的照顾是很少的，有些雌性两天才去看一次幼崽。

Tupaia glis

普通树鼩

体长：19.5 厘米
尾长：16.5 厘米
体重：142 克
社会单位：群居
保护状况：无危
分布范围：亚洲东南部

半陆栖动物，以节肢动物、果实和树叶为食。雌性有两对乳头，每胎产下多达 3 只幼崽。生活在热带森林、种植园和花园里。摩擦两种臭腺来标记领地。

Anathana ellioti

南印树鼩

体长：17~20 厘米
尾长：16~19 厘米
体重：150 克
社会单位：独居
保护状况：无危
分布范围：亚洲南部

脊背上有淡黄色和棕色的斑点；头相对较大，尖吻。白天在土壤里和低灌木丛中寻找蠕虫、昆虫和果实。在松软的土壤和石头间建造夜间的藏身所。

Urogale everetti

菲律宾树鼩

体长：17~22 厘米
尾长：13~18.5 厘米
体重：350 克
保护状况：无危
分布范围：菲律宾

活动主要集中在白天，尤其是早上。在土壤或灌木丛中寻找昆虫、蠕虫和软的果实，这是它的主要食物。有大眼睛、又长又窄的吻部和非常突出的耳朵。

平衡
在树枝间攀爬迅速，尾巴保持平衡。

不断运动
几乎在不断地摆动有鳞片的尾巴。

Ptilocercus lowii

笔尾树鼩

体长：10~14 厘米
尾长：13~19 厘米
体重：25~60 克
社会单位：可变
保护状况：无危
分布范围：亚洲东南部

尾巴上几乎无毛，尾尖有细密的白色长毛，这是它突出的特征。背部呈略带灰色的棕色，腹部呈略带灰色的黄色。善于爬树，大部分时间在树上度过。成对或结成小群体生活，生活在树洞或树枝上的窝里。夜间活动，吃蠕虫、昆虫、老鼠、小的鸟类、蜥蜴和果实。一个群体中可以有 2~5 只个体。

象鼩

门：脊索动物门
纲：哺乳纲
目：象鼩目
科：象鼩科
种：15

这一目中所有物种的通称来源于它们长长的可以活动的尖吻，使人联想起大象的长鼻子。陆栖动物，听觉、嗅觉和视觉非常发达。从四肢的解剖结构上看，长腿有力，是“跑步健将”。生活在不同的栖息地，在非洲分布广泛，除了非洲西部和撒哈拉沙漠之外，均有分布。

Petrodromus tetradactylus

四趾岩象鼩

体长：19~23 厘米
尾长：13~18 厘米
体重：155~280 克
保护状况：无危
分布范围：非洲东部

名字的来源是后肢只有 4 趾。脊背是灰色的，腹部颜色更浅，眼睛周围有一圈白色的毛。生活在森林、牧场和灌木地区。以蚂蚁和白蚁为食。主要活动时间是在天亮前和天黑后。

Rhynchocyon chrysopygus

金臀象鼻鼩

体长：27~19 厘米
尾长：23~26 厘米
体重：525~550 克
社会单位：独居或成对
保护状况：濒危
分布范围：非洲东部

颜色多样是它突出的特征：腿和耳朵呈黑色，无毛；尾巴主体为黑色，尾尖白色；头和身体颜色微红，上面有一块金色区域。以蠕虫、昆虫和蜈蚣为食。生活在肯尼亚沿海地区潮湿浓密的灌木丛中，通常是一夫一妻制。

Rhynchocyon cirnei

东非象鼩

体长：22.9~30.5 厘米
尾长：17.8~25.4 厘米
体重：408~550 克
社会单位：群居
保护状况：近危
分布范围：非洲中部和东南部

栗色的毛，有深色的条纹。后腿比前腿长很多，所以身体呈弯曲状。用可以活动的鼻子和长舌头在地面上获取食物。成对或结成小群体生活。主要在白天活动。

Elephantulus rufescens

赤象鼩

体长：12~12.5 厘米
尾长：13~13.5 厘米
体重：25~60 克
社会单位：独居或成对
保护状况：无危
分布范围：非洲东部

毛色为灰色到棕色，身体内侧为白色。它的鼻子长且灵活，几乎一直都在动。后肢比前肢长很多，像袋鼠一样跳跃。以小动物为食，也吃果实、种子和嫩枝。在大约 60 天的妊娠期之后，雌性 1 次产下 1~2 只幼崽。领地由“夫妻”双方共同守护，它们会使劲蹬后腿来赶跑敌人，这也是雄性迎击其他雄性、雌性打击其他雌性的方式。用一条小路来划定活动领地，在掠食者出现时，这条小路也是逃生通道。它的敌人有游隼、蛇和雕鸮。

鼯猴

门：脊索动物门

纲：哺乳纲

目：皮翼目

科：鼯猴科

种：2

尽管也被称作飞行狐猴，但是这种动物并不是真正的狐猴，它们也不会真正地飞行，而是滑翔。由于不能走路，它们只能在树干上爬来爬去。它们身体周围有大而薄的滑翔膜。白天在树洞里休息，晚上进食。生活在亚洲东南部潮湿的森林里。

Cynocephalus variegatus

马来亚鼯猴

体长：33~42 厘米
尾长：17.5~27 厘米
体重：0.9~2 千克
社会单位：可变
保护状况：无危
分布范围：亚洲东南部

皮毛短且薄，脊背部为栗灰色，上面有一些红色或灰色的毛，通体有浅颜色的斑点；体内侧颜色较暗淡。和身体的体形比起来，马来亚鼯猴的脑袋小，耳朵又小又圆，吻部不尖。这一物种生活在马来西亚、泰国和印度尼西亚。在黎明时和晚上活动。白天在树洞里休息，或者在高高的树冠上的叶子中间打盹。森林是它们天然的栖息地，但是在居民点附近也能发现它们的身影。

有一个专门的胃，能让它消化大量的叶子。叶子是它们的主食。此外还吃花朵、果实、嫩枝、花蜜和汁液。在 2 个月的妊娠期之后，雌性只产下 1 只幼崽，幼崽的哺乳期为 6 个月。幼崽紧紧抓住母亲，甚至在母亲跳跃和滑翔时也是这样。母亲的膜可以当作幼崽的藏身所。尽管没受到威胁，但是它们的数量也在减少。

Cynocephalus volans

菲律宾鼯猴

体长：33~38 厘米
尾长：17.5~27 厘米
体重：1~1.75 千克
社会单位：可变
保护状况：无危
分布范围：菲律宾

滑翔距离长达 100 米，这是它们最有效的运动方式，在地面上毫无自保能力，爬树也缓慢。菲律宾鼯猴的毛色是多样的，但是雄性通常是棕色的，雌性是淡灰色的。雌雄两性身体内侧的颜色都比较暗淡，身上有斑点，使它们看起来像树皮。这种鼯猴眼睛很大，视觉发达，使它们能够准确着陆。夜间活动，主要以树叶为食，白天待在树洞里或在树枝上休息，用膜把自己包起来。在 60 天的妊娠期之后，雌性一次产下 1~2 只幼崽。

图书在版编目（CIP）数据

国家地理动物百科全书．哺乳动物．卵生动物·有袋动物 / 西班牙 Sol90 出版公司著；任艳丽译．-- 太原：山西人民出版社，2023.3

ISBN 978-7-203-12484-9

Ⅰ．①国… Ⅱ．①西… ②任… Ⅲ．①哺乳动物纲—青少年读物 Ⅳ．① Q95-49

中国版本图书馆 CIP 数据核字 (2022) 第 244668 号

著作权合同登记图字：04-2019-002

国家地理动物百科全书．哺乳动物．卵生动物·有袋动物

著　　者：西班牙 Sol90 出版公司
译　　者：任艳丽
责任编辑：傅晓红
复　　审：魏美荣
终　　审：梁晋华
装帧设计：吕宜昌

出 版 者：山西出版传媒集团·山西人民出版社
地　　址：太原市建设南路 21 号
邮　　编：030012
发行营销：0351-4922220　4955996　4956039　4922127（传真）
天猫官网：https://sxrmcbs.tmall.com　电话：0351-4922159
E-mail：sxskcb@163.com 发行部
　　　　sxskcb@126.com 总编室
网　　址：www.sxskcb.com

经 销 者：山西出版传媒集团·山西人民出版社
承 印 厂：北京永诚印刷有限公司

开　　本：889mm × 1194mm　1/16
印　　张：5
字　　数：217 千字
版　　次：2023 年 3 月　第 1 版
印　　次：2023 年 3 月　第 1 次印刷
书　　号：ISBN 978-7-203-12484-9
定　　价：42.00 元